경북의 종가문화 29

학문과 충절이 어우러진,
영천 지산 조호익 종가

경북의 종가문화 29

학문과 충절이 어우러진,
영천 지산 조호익 종가

기획 | 경상북도 · 경북대학교 영남문화연구원
지은이 | 박학래
펴낸이 | 오정혜
펴낸곳 | 예문서원

편집 | 유미희
디자인 | 김세연
인쇄 및 제본 | 주) 상지사 P&B

초판 1쇄 | 2015년 2월 2일

주소 | 서울시 성북구 안암로 9길 13(안암동 4가) 4층
출판등록 | 1993년 1월 7일(제307-2010-51호)
전화 | 925-5914 / 팩스 | 929-2285
홈페이지 | http://www.yemoon.com
이메일 | yemoonsw@empas.com

ISBN 978-89-7646-327-2 04980
ISBN 978-89-7646-324-1 (전4권)

값 21,000원

경북의 종가문화 29

학문과 충절이 어우러진, 영천 지산 조호익 종가

박학래 지음

예문서원

지은이의 말

2014년 봄, 필자는 오랜만에 집사람과 함께 답사 여행을 계획했다. 필자가 현재 재직하고 있는 대학에서 몇 년째 보직을 맡고 있어 가정생활은 물론이거니와 집사람에게 소홀했던 것이 못내 맘에 걸려 '봄기운이나 만끽하자' 고 제안했더니, 집사람이 흔쾌히 동의를 해 주었다. 그리고 주말을 이용해 필자는 서해안의 조그마한 도시를 떠나 경북대에 도착해 종가사업 관련 회의에 참석하고, 그 사이에 집사람은 서울에서 차를 몰아 경북대에 도착해서 조우했다.

이렇게 우리 부부는 조금은 낯선 대구에서 만나 이튿날 복숭아꽃 만발한 영천의 대창면으로 향했다. 짓궂은 봄 날씨가 우리 부부의 여정을 훼방 놓으려는 봄비를 간간히 뿌렸지만, 따뜻한 봄기운은 지산을 만나는 우리의 행로를 반기는 듯했다. 그리고 도착한 지산고택芝山故宅. 여느 종가와 다를 바 없는 건물이었지만, 왠지 정감 어리게 나의 눈길로 다가왔다.

복숭아꽃이 만발한 지산고택과 도잠서원 일대의 풍경은 어린 시절부터 그려 왔던 전형적인 고향의 풍경과 너무나도 닮아 있었다. 야트막한 언덕 사이로 희고 노란 꽃이 만발한 가운데 수백 년의 세월을 견뎌 내며 고즈넉이 자리 잡은 도잠서원과 지산고택. 절로 가슴 뛰는 풍경이었다.

답사 여행을 시작하기 전에 미리 종가 어른들께 연락을 하고 온 자리이지만, 낯설지 않은 느낌이 들었다. 그리고 지산 조호익 선생에 대한 원고를 처음 의뢰받을 때 느꼈던 작은 떨림이 내 가슴에 다시 찾아왔다.

영남 유학, 특히 퇴계학은 대학 시절부터 항상 나의 관심 대상 중 하나였다. 학부 졸업 이후 대학원에서 한국 유학을 공부하면서 주 연구 대상이 율곡학으로 바뀌었지만, 지금도 퇴계학은 언젠가는 논구하고자 하는 큰 숙제 중 하나였다. 그러던 중 지난해 겨울, 경상대 남명학연구원에서 진행하는 경남유학 관련 학술대회에서 인연을 맺은 경북대 정우락 교수로부터 한 통의 전화를 받았다. 경북대 영남문화연구원에서 진행하는 경북의 종가문화에 참여를 요청하는 연락이었다. 그리고 그 대상은 퇴계 후학 중 우뚝 선 학자인 지산芝山 조호익曺好益이었다.

한국 대학가를 종횡으로 강타하는 구조조정의 광풍 한가운데에서 학사 구조조정의 업무를 담당하는 보직을 맡고 있던 터라 망설임이 없지 않았지만, 연구생 시절부터 꼭 도전하고 싶었던 퇴계학, 더구나 지산에 대한 원고 의뢰였던지라 부탁을 받은 다음날 흔쾌히 원고를 쓰겠노라고 답신을 보냈다. 지산은 여헌旅軒 장현광張顯光에 대해 공부하면서 보다 관심을 가졌던 학자였던 만큼 이번 기회가 내게는 일종의 당위처럼 느껴졌다. 그리고 『지산집芝山集』의 「행장行狀」을 읽으면서 왠지 모를 떨림을 느꼈다.

이 글을 쓰는 지금, 한국 사회는 세월호 사건과 군대 폭력 사건 등으로 한창 시끄럽다. 그러는 와중에 영화 「명량」이 한국 영화사상 가장 많은 관객을 동원하며 화제를 뿌리고 있다. 정유재란이라는 시대 배경하에서 이순신 장군이 보여 준 리더십이 새삼 회자되고 있다. 물론 이 시대의 진정한 리더십 부재에서 오는 시민들의 바람이 반영된 결과일 것이라 짐작한다.

하지만 나는 복잡한 시대 상황에서 다시금 지산을 생각하게 된다. 억울한 누명을 쓰고 멀리 타향으로 이거해야만 했고, 임진란의 참혹했던 전장戰場에서 자신의 목숨보다 나라를 위해 의병을 규합하고 헌신했던 그의 파란만장한 삶은 시대를 넘어선 올곧은 선비의 모습 그 자체였다. 젊은 시절 본의 아니게 자신에게 닥친 억울함을 하소연할 수도 있었건만, 그는 누구도 원망하지 않았다. 그리고 위기지학의 참모습을 몸소 보여 주며 묵묵히 학자의 길을 걸었다. 그러면서 시대의 아픔을 외면하지 않고 온몸으로 함께하며 실천 지성의 참모습을 보여 주었다. 외롭고 적막하기만 한 학자의 길을 묵묵히 걸었던 지산에게서 오늘의 지성이 걸어야 할 길을 다시 그려 보게 된다. 지금의 지성에게 지산은 오래된 미래이기 때문이다.

오늘 우리가 찾는 지산종가는 경북의 종가문화를 대표하는 주임 중 하나임에 틀림없다. 지산에 앞서 지산의 선조들이 이룩한 올곧은 가풍, 그리고 지산에 의해 세워진 기품이 오롯이 그의 후손들을 통해 지난 5백여 년간 고스란히 이어져 오고 있기 때문이다. 비록 퇴계 문인 가운데 많이 알려지지 않았지만 지산이 이룩한 학문과 의리정신은 오늘에도 되새겨야 할 가치가 충분하다. 그러기에 감히 지산을 퇴계 문인 가운데 가장 뛰어난 선비라 칭할 수 있다는 것이 필자의 생각이다. 이러한 점에서 이 책의 내용이 종가에 관심을 두고 있는 독자들은 물론, 일반인들에게도 전해져 오래된 미래를 다시 되새겨 보는 계기가 되길 감히 희망해 본다.

이 책을 정리하면서 여러 사람의 도움을 받았음을 확인해야 할 것 같다. 필자에게 과분하지만 뜻깊은 일을 부탁해 준 경북대 정우락 교수님, 그리고 조언을 아끼지 않으신 같은 대학 황위주, 이세동 교수님께 지면으로나마 감사를 전한다. 그리고 지산종가를 방문했을 때 따뜻하게 맞아 주신 16세 종손 조용호 님, 그리고 조인호 님께도 고마움을 표하지 않을 수 없다. 특히 경북의 종가문화 사업의 실무를 맡아 종가 어른들과의 만남은 물론이거니와 원고 교정과 사진 선택에 이르기까지 음양으로 노고를 아끼지 않으신 백운용 박사를 비롯한 관계자분들에게 깊은 감사의 인사를 전한다.

한창 복숭아꽃이 만발했을 때 찾았던 영천 대창리의 풍광을 이 글을 쓰는 지금도 잊을 수 없다. 곧 다가올 만추의 계절에 언제나 아빠의 응원군이 되어 주는 서희, 현우, 진희의 손을 잡고 집사람과 함께 이 책을 손에 쥐고 지산고택과 도잠서원을 찾고자 한다. 그리고 지산에게 존경의 염을 담아 감사의 절을 올리고자 한다.

2014년 8월

박학래

차례

제1장 영천과 창녕조씨의 인연

1. 충의의 전통이 아로새겨진 유향

조선 유학의 우뚝 선 봉우리 퇴계退溪 이황李滉의 말년 제자 중 가장 우뚝한 학자이자 충절의 의리를 몸소 보여 준 16세기 영남 유학계의 실천적 지성 조호익曺好益(1545~1609). 조호익의 자字는 사우士友이고, 호號는 지산芝山이며, 시호諡號는 문간文簡이다.

조호익은 일반인에게 조금 낯선 유학자이지만, 그가 이룩한 기념비적인 학문적 업적과 충절, 그리고 그의 학문적 영향력은 당대 어떤 유학자와 견주어도 손색이 없다. 특히 예학禮學과 역학易學 방면에서 이룩한 그의 학문적 업적은 당대 유학자 중 가장 뛰어나다는 평가를 받을 만하다. 그래서 조호익이 이룬 학문과 충절에 대해 그와 동시대를 살았던 영남의 대표적인 유학자 동계

桐溪 정온鄭蘊(1569~1641)은 조호익의 신도비명神道碑銘을 통해 다음과 같이 평가하였다.

가파르게 우뚝 솟은 저기 지산에는	嶪嶪芝山
석인께서 노닌 자취 남아 있다네.	碩人遺躅
부지런히 공부하고 후학 기르며	劬書劇炙
심학공부 중요하게 여기었다네.	喫緊心學
날아갈 듯 우뚝 솟은 저 묘우에는	翼翼廟宇
석인의 영혼 편안하게 깃들어 있네.	碩人妥靈
조야朝野의 선비들이 분주하게 오고 가면서	鄕邦駿奔
향기로운 제수 올려 제사 지내네.	於薦苾馨
네 척 높이 봉긋 솟은 저기 저 무덤	有崇四尺
석인께서 편히 누워 계신 곳이네.	碩人攸藏
우뚝하니 솟아 있는 비석 있어서	屹然有石
백대토록 아름다운 이름 전하리.	百世嗣芳

영남의 대표적인 불천위 종가 중 한 곳인 지산종가가 위치한 곳은 경상북도 영천시 대창면 신광리이다. 대창면 소재지를 지나 동쪽인 북안 방면으로 2킬로미터 정도 지나면 오른편으로 '영지사靈芝寺'와 '도잠서원道岑書院'을 안내하는 팻말이 나온다. 그 팻말을 따라 오른편 길로 접어들어 500여 미터를 지나면 왼편에

먼 거리에서 찍은 지산고택(디지털영천문화대전)

대나무 숲이 조그마한 군락을 이룬 낮은 산이 눈에 들어오고, 그 산을 따라 조금만 지나면 고즈넉하게 자리 잡은 '지산고택芝山故宅'과 마주할 수 있다. 사람들이 다니는 길에서 50여 미터 안쪽에 있고 뚜렷한 팻말도 없어 지나는 이들의 눈에 금방 들어오지는 않지만, 조호익이 이곳에 자리를 잡은 4백여 년 이래 온갖 풍파 속에서도 그 자태를 유지하며 영천을 위시한 영남 퇴계학맥의 중심지 중 한 곳으로 그 명맥을 이어 오고 있다.

조호익이 영천의 남쪽 끝자락인 대창면에 생의 마지막 터전을 잡기 훨씬 이전부터 조호익의 문중인 창녕조씨昌寧曺氏 선조들은 영천을 삶의 터전으로 삼았다. 그래서 영천에는 지산고택을

임고서원(문화재청)

위시한 지산종가와 관련된 많은 유적 이외에 조호익의 선조들과 관련된 적지 않은 유물과 유적들이 곳곳에 산재해 있다.

창녕조씨가 본격적으로 영천에 자리 잡은 때는 고려 말이다. 영천 입향조인 조호익의 7대조인 조신충曺信忠은 여말선초의 혼란기 속에서 고려에 대한 충절을 지키기 위해 영천에 은거하였다. 일찍이 충절로 이름 높은 유향儒鄕으로 손꼽혀 온 영천은 불사이군不事二君의 절의를 몸소 실천한 포은圃隱 정몽주鄭夢周(1337~1392)가 태어나고 자란 유서 깊은 고장이었던 만큼, 고려수절신高麗守節臣 중 한 사람인 조신충이 영천을 은거지로 택한 것은 자연스러운 일이었다. 물론 그의 처가가 영천이었던 것도 한몫

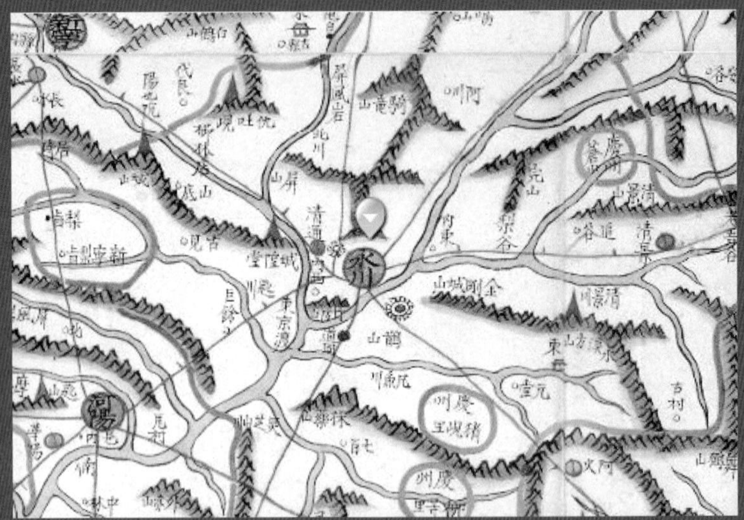

영천 고지도(한국학자료포털, 전자지도[고지도])

영천군 전도(디지털영천문화대전)

을 했지만, 정몽주로 대표되는 충절의 기풍과 고절한 학풍을 간직하고 있는 영천에 창녕조씨 문중이 자리한 것은 필연적인 결과라 해도 과언이 아닐 듯하다. 아마도 창녕조씨 영천 입향조인 조신충은 포은 정몽주의 정신과 뜻을 같이하며 처가의 고향이자 절의의 고장인 영천에서 새로운 미래를 꿈꾸었으리라.

영천은 대구를 중심으로 한 영남지역의 젖줄인 금호강琴湖江의 원류 지대이다. 선사시대부터 사람이 살았던 흔적이 발견될 정도로 일찍부터 사람 살기 좋은 땅으로 알려져 왔다. 영천의 북쪽에는 태백산맥의 정기를 담은 어머니와 같은 보현산普賢山(1,124m)을 주봉으로 급사면에 둘러싸인 여러 산들이 동서 방향으로 펼쳐져 있다. 서쪽에는 팔공산八公山(1,193m)과 태실봉이 자리하고 있으며, 남쪽에는 금박산金泊山(432m), 구룡산九龍山(675m), 사룡산四龍山 등이 이어져 있다. 그리고 동쪽에는 태백산맥의 남쪽 여맥에 해당하는 운주산雲住山(806m)을 비롯하여 도덕산道德山, 관산冠山 등이 이어져 영천지역은 완전한 분지의 형태를 이루고 있다.

영천을 둘러싸고 있는 크고 작은 산에서 발원한 물은 산간계곡을 따라 흘러가면서 작은 하천을 이루고 있다. 그리고 그 물길은 비옥한 땅을 일구고, 마침내 영남의 젖줄 낙동강洛東江과 마주한다. 팔공산 시루봉에서 발원한 신녕천新寧川은 영천의 서부지역을 남동류하면서 다른 하천들과 합하여 신녕천 유역의 비옥한 땅을 일구고, 보현산에서 발원한 자호천은 임고천과 고촌천에 합류한 후 금호강으로 흘러가면서 자호천 유역의 풍요로운 땅을 형성하고 있다. 그리고 이 하천들은 금호강에 합류한 후 낙동강으로 흘러간다.

이렇듯 유려한 산과 강에 둘러싸인 영천을 두고 조선 전기의 학자인 서거정徐居正(1420~1488)은 "군 이름을 영천이라 일컫는 것은 '두 물'(二水)의 뜻을 취한 것이다. 대개 두 물이 자모산慈母山(현재의 보현산)에서 발원하여 두 갈래로 나뉘어 꺾여서 남쪽으로 흐르다가 군 앞에 이르러 합쳐져서 하나가 된다. 그래서 그런 이름으로 불리는 것"이라고 명원루明遠樓(현재의 조양각)의 기문記文에서 밝히기도 하였다. 그래서인지 예로부터 산과 물이 좋았던 영천지역의 지세地勢나 풍경風景은 찬미의 대상이었다. 18세기에 간행된 『여지도서輿地圖書』에는 영천의 형승形勝을 다음과 같이 표현하였다.

맑은 시냇물에 돌벼랑	淸溪石壁
두 물줄기와 세 산봉우리	二水三山
웅장하게 서려 있는 형세	形勢雄盤

천혜의 자연경관 속에서 영천은 앞서 밝힌 대로 일찍부터 충의의 고장으로 알려져 왔다. 삼국시대부터 근현대에 이르기까지 영천은 지정학적 위치를 점하고 있었으며, 우리 역사 속에서 언

제나 국난 극복의 보루 역할을 담당하였다. 그래서 영천은 충의와 관련한 수많은 인물을 낳았고, 그 인물들과 관련된 숱한 이야기를 간직하고 있다.

지금의 영천시 완산동인 골화천을 무대로 삼국통일의 난관을 극복한 김유신金庾信의 전설이 아직도 『삼국사기』를 통해 전해지고 있다. 그리고 불사이군의 절의정신을 몸소 보여 주며 사림정신의 원류가 된 고려의 충신 정몽주를 비롯하여, 고려 말 화포를 개발하여 왜구를 토벌한 최무선崔茂宣 장군, 임진왜란 의병장으로 활약한 정세아鄭世雅·조희익曺希益·권응수權應銖·정대임鄭大任 등 다수의 의인義人을 배출한 영천에는 그 숭고한 정신이 아로새겨져 오늘로 이어지고 있다.

고려로부터 조선으로 계승된 충의의 전통은 근현대에도 이어져 영천은 일본 제국주의의 침략에 대항한 영남지역의 의병운동 중심지 중 한 곳으로 자리 잡았다. 1896년 의병 봉기를 촉구하는 통문通文과 격문檄文이 돌 때, 영천 유림의 중심이었던 영천향교永川鄕校는 주도적인 위치에서 활약하였다. 그리고 1905년 을사늑약 이후 의병 투쟁이 전국적으로 확산될 때 영천에서는 정용기鄭鏞基를 위시한 영천지역 유림들이 함께 산남의진山南義陣을 조직하여 무장투쟁을 하다 순국하였다. 3·1운동 때에도 영천의 신령공립보통학교의 교사와 학생, 그리고 지역민들의 만세운동이 잇따라 일어나기도 하였다.

영천지구 전적비(디지털영천문화대전)

동족상잔의 비극인 6 · 25전쟁의 와중에서 영천은 가장 치열했던 격전지 중 하나였다. 1950년 9월 5일부터 13일까지 9일간에 걸친 영천지구 공방전은 한국전쟁의 국운을 바로잡은 큰 전투로 기억되고 있다. 이 전투 과정에서 국가에 대한 충절의 정신을 안고 산화한 호국영령의 넋이 영천에 아로새겨졌다. 당시 전투를 기념하는 영천지구 전적비문에는 다음과 같은 글이 새겨져 있다.

아 잊으랴 그날을! 사람의 발자국이 아닌 아귀의 발악이 아름다운 이 산하를 뒤덮을 때 오직 자유와 평화를 위해 죽음을 사양하지 않던 그대들 정의의 넋이 무쇠처럼 굳었던 당신들의 결의를 잊을 수 없어 여기 공훈을 기념하노라.

풍전등화 같은 국운을 되돌린 역사적 고장인 영천. 우리 역사 속에서 언제나 국난 극복의 보루였던 영천은 충의의 인물을 다수 배출하였는데, 그 대표적인 인물 중 한 사람이 오늘 우리가 찾아가는 조호익이다.

2. 창녕조씨의 영천 입향

조호익의 집안인 창녕조씨 문중은 임진왜란 당시 의병장으로 큰 공을 세운 호수湖叟 정세아鄭世雅(1535~1612)의 집안인 영일정씨迎日鄭氏 문중과 함께 '남조북정南曺北鄭'이라 불릴 만큼 영천지역의 유력한 가문으로 손꼽힌다. 두 집안은 문중을 이루는 구성원의 숫자에서뿐만 아니라 문중의 전통과 가풍, 그리고 문중에서 배출한 혁혁한 인물들의 높은 성취를 통해 영천의 대표적인 가문으로 자리 잡았다.

창녕조씨 문중이 영천과 직접적인 인연을 맺게 된 때는 앞서 밝힌 바와 같이 여말선초이다. 그리고 그 인연의 밑바탕에는 나라에 대한 충성과 절의, 그리고 도덕의 실천이 깊이 개재되어 있다.

창녕조씨의 영천 입향조인 조신충曺信忠은 조선 개국을 전후하여 의리의 실천을 내세워 새로 개국한 조선에서 벼슬을 하지 않은 학자, 고려수절신 중 한 사람으로 손꼽힌다. 그는 1383년(고려 우왕 9)에 문과에 급제한 이후, 신진사대부로서 목은牧隱 이색李穡(1328~1396)을 비롯하여 도은陶隱 이숭인李崇仁(1349~1392), 호정浩亭 하륜河崙(1347~1416) 등과 교유하였다. 그러던 중 우왕禑王과 창왕昌王이 연이어 폐위되자 모든 것을 내버리고 은거할 것을 결심하였고, 개경과 멀리 떨어진 부인의 고향인 영천의 창수촌蒼水村(현 영천시 금호읍) 마단麻丹마을에 은거하였다. 그의 부인 영천최씨永川崔氏는 판서判書 최중연崔仲淵의 딸이었는데, 최무선 장군과도 친척 관계에 있었다고 전한다.

조신충이 영천에 은거한 후 정국의 혼란을 뚫고 조선이 건국되자 개국공신 중 한 사람이자 조신충의 오랜 벗이었던 하륜은 조신충의 인품과 학덕을 높이 평가하여 태조에게 그를 추천하였고, 1396년(태조 5)에 이르러 조신충에게 강계도병마사江界道兵馬使 겸 판희천군사判熙川郡事가 제수되었다. 하지만 절의를 지키려는 조신충의 마음은 추호의 흔들림이 없었고, 이에 그는 제수 받은 벼슬을 모두 사양하고 부임하지 않았다.

이렇듯 충절의 정신이 투철한 창녕조씨 가문의 전통은 신라 때부터 시작된 창녕조씨 득성 유래와 일맥상통하는 면이 없지 않다. 『조선씨족통보朝鮮氏族統譜』에 따르면, 창녕조씨의 득성 유래는 다음과 같다.

> 신라 진평왕 때 한림학사翰林學士 이광옥李光玉의 딸 예향禮香이 우연히 병을 얻게 되었다. 당시의 명의를 찾아 병을 고치려고 했지만 백약이 무효하였다. 그러던 중 한 선인仙人이 그의 집을 찾아와 "창녕에는 화왕산火旺山이 있고, 화왕산에는 신령스러운 연못인 용지龍池가 있는데, 예로부터 영험이 있기로 이름이 있습니다. 그 연못에 가서 목욕을 하고 성심으로 기도하면 병이 완쾌될 것입니다"라고 말하였다. 이 말을 듣고 길일을 택하여 예향이 그 연못에 가서 목욕을 하며 성심으로 기도를 하는데, 갑자기 안개가 자욱하여 오도 가도 못하게 되었다. 얼마 후 안개가 사라지고 정신을 차려 보니 예향은 연못에서 솟아올랐다. 화왕산에서 돌아온 예향은 병이 씻은 듯이 완쾌되었고, 태기가 있었다. 얼마 지나지 않아 남자 아기를 낳았는데, 그 아기의 겨드랑이 밑에 '조曺 자'가 뚜렷이 쓰여 있었다. 하룻밤은 꿈에 한 장부가 나타나 "나는 화왕산 연못의 용의 아들로 이름은 옥결玉訣이며, 그대가 낳은 아이의 아버지이다. 아이를 잘 기르면 후에 공후公候가 될 것이고, 그렇지 못한다 하여도 경상卿相은 될 것이며, 자손이 만세토록 번성할 것이다"라고 하고 사라졌다. 이 사실을 이광옥이 왕에게 고하자, 왕은

이 아이에게 '조' 씨 성을 하사하고, 동해의 신룡을 이었다고 하여 이름을 '계룡繼龍' 이라고 하였다. 이후 조계룡은 진평왕의 사위가 되었고, 벼슬이 태사太師에 올라 왕실의 스승이 되었으며, 창성부원군昌城府院君에 봉해졌다. 동래에 왜구가 침략했을 때 그가 병사를 이끌고 출격하자, 왜구들이 "조공은 천인天人이다"라고 하고 스스로 물러갔다고 한다.

창녕조씨는 조계룡 이후 세계世系가 실전失傳되었다가, 신라말에 이르러 아간시중阿干侍中을 지내고 고려 태조의 딸과 결혼한 조겸曺謙을 중시조中始祖로 삼게 되었다. 이후 후손들은 조계룡을 시조로, 조겸을 중시조로 삼고 창녕을 본관으로 하여 이어 오고 있다.

창녕조씨 문중은 고려조에서 중시조 조겸 이후 8대에 걸쳐 평장사를 배출하는 등 비중 있는 가문으로 인정받았고, 조선시대에는 문과급제자 113명을 배출하는 등 유력한 가문으로 확실히 자리 잡았다. 그리고 현존하는 조씨曺氏는 본관이 10여 본이 되지만, 모두 창녕조씨로부터 나누어졌다고 한다.

지조를 지키며 불의에 저항한 조신충이 영천에 입향한 후, 영천의 창녕조씨 가문에서는 과거 선조들이 이룩했던 찬란한 성취를 계승하면서 수많은 관료와 학자, 그리고 출중한 지사를 연이어 배출하였다. 특히 역사의 고비 때마다 의리의 실천과 충의의 발현, 그리고 학문적 성숙이 어우러지면서 다른 가문과는 구별되는 기풍을 문중에 아로새겼다.

조신충 슬하의 오형제는 모두 문과에 급제하여 관료로 현달하였다. 첫째인 조상보曺尙保는 사의司議를 지냈고(그의 후손을 사의공파라고 한다), 둘째인 조상정曺尙貞은 현감縣監을 역임하였다(그의 후손을 현감공파라고 한다). 셋째는 조상직曺尙直이고, 넷째인 조상치曺尙治는 부제학副提學에까지 올랐다고 한다(그의 후손을 부제학공파라고 한다). 그리고 조호익의 6대조인 다섯째 조상명曺尙明 또한 승지承旨에 이르렀던 유력한 관료 학자였다(그의 후손을 승지공파라고 한다).

전해오는 이야기에 따르면, 야은冶隱 길재吉再(1353~1419)의 문하에서 수학한 조상치가 과거에 급제하자 이를 눈여겨본 태종이 그에게 "네가 왕씨의 신하 조신충의 아들이냐?"라고 묻고는 곧 정언 벼슬을 주었다고 한다. 이후 그는 세종 때에 집현전集賢殿 창설에 참여하여 부제학을 지내면서 성삼문成三問, 박팽년朴彭年 등과 함께 강론하며 민족문화의 초석을 다지는 데 이바지하였다.

조상치는 세조가 즉위하자 병을 칭하여 고향으로 돌아가기를 청하였고, 이에 세조는 "나아갈 줄만 알고 물러날 줄 모르는 것은 군자가 마땅히 경계해야 할 바"라고 하며 신하들에게 명하여 동문 밖에서 조상치를 위한 송별연을 열도록 하였다. 이때 박팽년은 "떠나가는 저 멀리 먼지를 보니 그 뜻은 높아서 이르기가 어렵네"라는 글을 그에게 전했으며, 성삼문은 "영주永州(현재 영천)의 맑은 바람이 문득 동방의 은둔자(箕潁)가 되었으니, 우리들은 조공의 죄인입니다"라는 내용의 편지를 보냈다고 한다.

영천으로 돌아온 조상치는 언제나 임금이 있는 동쪽을 향해 앉아 있었고, 단종이 화를 당했다는 소식을 들은 뒤에는 주야로 눈물을 흘리며 손님들을 사양하였다. 집안사람들도 그의 얼굴을 보기가 어려웠을 정도였다고 한다. 그리고 자신이 직접 구한 자연석에 가공하지 않은 상태에서 직접 '노산조 포인 조상치의 묘'(魯山朝逋人曺尙治之墓)라고 써서 미리 묘비를 준비하고, 평소에 저술한 글을 한곳에 모아 불살랐다고 전한다. 이때 그의 심경이 담긴 「봉화단종자규사奉和端宗子規詞」(조호익의 중형인 聚遠堂 曺光益의 문집 『聚遠堂集』의 「世德錄」에 전재되어 있다)의 전문은 다음과 같다.

소쩍소쩍 두견새 우네 두견새 우네	子規啼子規啼
달밤의 빈 산인데 누구에게 하소연하는가?	夜月空山何所訴
소쩍소쩍 못 돌아가 못 돌아가	不如歸不如歸
파잠 언덕 보며 얼마나 날고 싶었던고.	望裏巴岑飛欲度
딴 새 모두 둥지 있어 돌아가거늘	看他衆鳥摠安巢
홀로 앉아 꽃가지에 피를 뿌리니	獨向花枝血讜吐
홀로 외론 그림자 모습 파리하구나.	形單影孤貌憔悴
뉘라서 외론 신세 돌아다보리.	不肯尊崇誰爾顧

오호라! 세상에 슬픈 원한 너뿐이더냐	嗚呼人間寃恨豈獨爾
눈 못 감고 돌아간 충신 의사들	義士忠臣增慷慨
억울하고 기막힘 셀 수 없느니.	不平屈指難盡數

조호익의 6대조인 조상명曺尙明 또한 그의 형인 조상치의 의리정신과 뜻을 함께하였다. 자가 윤여潤如인 조상명은 문과 급제 후 관직이 덕원도호부사德源都護府使와 승지承旨에 이르렀던 유력한 관료 학자였다. 중앙 관료로서 활동하던 중 단종의 왕위를 찬탈한 세조의 계유정란癸酉靖亂(1453)이 일어나자 그는 의리를 지키기 위해 조정에서 물러나 종적을 감추었다. 언제 세상을 떠났는지는 알 수 없지만, 타계한 날짜는 11월 27일이라고 전한다. 조상명은 숙부인淑夫人 영천최씨와의 사이에 2남을 두었는데, 그 가운데 둘째가 조호익의 5대조인 조경무曺敬武이다.

조경무는 벼슬이 가선대부嘉善大夫 훈련원訓鍊院 중군中軍 부사직副司直에까지 이르렀을 정도로 관료로 일생을 보낸 인물이다. 세상을 떠난 해는 알 수 없지만 날짜는 4월 12일이라고 전한다. 그는 숙부인淑夫人 밀양손씨密陽孫氏와의 슬하에 조시손曺始孫과 조말손曺末孫 두 아들을 두었다.

첫째인 조시손은 문과에 급제하여 관직이 이조정랑吏曹正郎에 이르렀다고 전한다. 그리고 조호익의 4대조인 조말손은 1468년(세조 14)에 진사가 되었고, 1472년(성종 3)에 문과에 급제하여 한

림학사를 거쳐 직위가 군수에 이르렀다. 특히 그는 문장과 행의로 세상에 이름이 높아 성종이 직접 『주자어류朱子語類』를 하사할 정도였다고 한다. 그의 묘소는 영천시 남부동 작산鵲山에 위치하고 있다. 숙부인 의성김씨義城金氏와의 사이에 5남 2녀를 두었다. 진사進士 조치당曺致唐, 부사府使 조치우曺致虞, 부사府使 조치하曺致夏, 진사進士 조치상曺致商, 생원生員 조치주曺致周가 그의 아들이다. 이 가운데 둘째인 조치우가 조호익의 증조부이다.

조치우(1459~1529)는 자字가 순경舜卿, 호號는 정우당淨友堂이다. 1472년(성종 3) 사마시司馬試에 합격하였으며, 1494년(성종 25) 별시문과에 급제하였다. 이후 검열檢閱과 장령掌令을 거쳐 사섬시司贍寺와 사옹원司饔院의 정正을 지냈으나, 연산군 대에 이르러 문란한 정치가 계속되자 벼슬을 버리고 고향 영천으로 돌아와 산수를 즐겼다고 한다. 특히 그는 1498년(연산군 4) 사간원정언司諫院正言으로서 문란한 정치를 되돌리고자 진언進言하였으나 받아들여지지 않자 과감히 관직을 사퇴하고 낙향할 정도로 바른길을 걸었다.

조치우는 중종반정 이후 다시 출사하였다. 대구부사大丘府使로 부임하여 청렴결백한 정사를 베풀었으며, 백성들이 자발적으로 송덕비를 세울 정도의 청백리淸白吏로 명성이 자자하였다. 1519년(중종 14)에 이르러서는 예천군수의 소임을 맡기도 하였다. 55세에 이르러 어머니의 봉양을 위하여 사직하려고 하자 임금은

『소학小學』을 하사하며 그의 효행을 칭찬하였다고 전한다. 70세에 이르러 어머니가 돌아가시자 슬픔이 지나쳐 3년 상기를 채우지 못하고 세상을 떠났고, 훗날 밀양의 오봉서원五峯書院에 배향되었다.

3. 창녕조씨의 창원 이거와 영천으로의 귀향

영천에 세거하던 조호익의 선조는 조치우 대에 이르러 영천을 떠나 창원의 지개동之介洞(현재 경상남도 창원시 북면 지개리)으로 이거하게 되었다. 조치우의 부인인 숙부인 창원박씨昌原朴氏가 친정의 제사가 끊긴다고 우려하자 조치우가 마침내 창원으로의 이사를 결행한 것이다. 그래서 조치우의 묘소는 영천시 대창면 대재리 송청산松青山에 자리하여 그의 제사를 모시는 유후재遺厚齋가 영천에 위치하고 있지만, 부인의 묘소는 경남 창원시 지개동에 위치하고 있으며 창원박씨의 제사를 모시는 사당인 모선재慕先齋는 창원 묘소 옆에 자리하고 있다. 그리고 각각의 묘소 아래에는 옥비玉碑가 세워져 있는데, 이것은 조치우가 사망하자 임금이 그

추감당(디지털창원문화대전)

어사옥비각(디지털창원문화대전)

의 청렴결백과 옥같이 맑은 덕을 표창하기 위해 옥비玉碑 2좌座를 하사한 데 연유한다.

현재 경상남도 창원은 창녕조씨의 세거지 중 한 곳으로 알려져 있다. 창원에 창녕조씨가 자리를 잡게 된 경위에 대해 명확히 알려진 바는 없지만, 현재 창원에는 창녕조씨의 입향과 관련된 이야기가 전하고 있다.

그 이야기에 따르면, 창녕조씨가 처음 창원으로 이거하여 왔을 때 현재의 창원시 성산과 남산 중 한 곳을 택해야 했다고 한다. 당시 성산은 부자가 날 풍수였고, 남산은 인물이 날 풍수였다. 이때 입향한 창녕조씨는 많은 재물보다는 훌륭한 인물을 선택하여 창원의 남산에 정착하였고, 이후 창녕조씨 가문에서는 특기할 만한 학자들과 현달한 관료를 다수 배출하게 되었다. 그래서 지역민들 사이에서 처음 세거지를 정한 것이 옳은 선택이었다는 풍문이 돌았다고 한다.

창녕조씨의 창녕 입향 이야기를 미루어 볼 때, 이 이야기의 주인공은 조호익의 조부인 조치우로 짐작된다. 창원의 창녕조씨 가운데 주목할 만한 인물을 배출한 문중은 조치우의 후손밖에 없기 때문이다. 더구나 조치우가 이거지로 선택한 지개동은 남동쪽으로는 구룡산이 솟아 있고, 남서쪽으로는 천주산, 남쪽으로는 굴현고개, 북쪽으로는 높이 150~200미터의 봉우리가 연속된 작은 산지가 있어 영천의 지형과 유사하고, 또한 산지 사이로 좁고

긴 평야가 발달해 있어 경제적인 면에서도 나쁘지 않아 손쉽게 세거지로 선택한 것으로 짐작된다.

조치우 대에 이르러 창원에 정착한 창녕조씨 가문은 영천의 친척들과 지속적으로 왕래를 거듭하였다. 선조의 묘와 위패가 모셔진 사당이 영천에 소재하고 있었고, 창원과 영천이 지리적으로 그리 멀지 않았으며, 교유하던 친척들이 대부분 영천에 거주하고 있었던 만큼 원세거지였던 영천을 왕래하는 데 그리 큰 부담을 갖지 않았던 것으로 짐작된다. 이러한 연유 때문인지 조호익의 형제들 가운데 영천에서 활동한 내역을 가진 인물이 적지 않다.

영천에서 창원으로 이거한 조치우는 슬하에 2남 1녀를 두었는데, 장자가 한림翰林 조효연曺孝淵(1486~1530)이고, 차자가 충순위忠順衛 조은진曺殷璡이다. 이 가운데 장자인 조효연이 조호익의 조부이다.

조효연의 초명은 효민孝閔이고, 자는 언박彦博이며, 호는 위재韋齋이다. 그는 1519년(중종 14) 식년문과에 급제하여 예문관전적藝文館典籍, 호조戶曹와 형조刑曹의 좌랑佐郎, 충청도도사忠淸道都事, 선공감판관繕工監判官, 형조와 예조禮曹의 정랑正郎 등 중앙 관계의 요직을 두루 역임하였다. 말년(1528)에 이르러 함안군수로 재직하면서 청렴한 정사를 베풀어 현재 경상남도 함안군에 그의 청덕비淸德碑가 남아 있다. 특히 그는 경전과 사서에 두루 통달하는 등 학문적 역량이 높았으며, 당대 최고의 성리학자였던 회재晦齋 이언적李彦迪(1491~1553)·모재慕齋 김안국金安國(1478~1543)·충재冲齋 권벌權橃(1478~1548) 등과 더불어 성리性理를 강론할 정도로 학문적 성취를 이루고 있었다. 그래서인지 퇴계退溪 이황李滉은 그에 대해 다음과 같이 평가하는 글을 남겼다.

> 총명하고 준수하며 민첩하고 예리하여 남다른 풍도가 있었다. 시문詩文을 지을 때는 즉시 붓을 휘둘러 완성하였는데, 글의 내용이 거침없이 분방하고 억양抑揚이 강하였다. 공은 유사有司의 뜻에 구차하게 고분고분 따름으로써 어서 빨리 출세하려고 하지 않았고, 벼슬에 있을 때에도 기개가 특출하고 행동이 고상하여 남에게 아부하거나 짐짓 부드러운 태도를 지어 환심을 사거나 영합하려고 하지 않았다. 이 때문에 벼슬길이 많이 지체되었으나 공은 걱정하지 않았다. 그 뒤로는 곧 스스로 말씨가 급한 것이 도道에 해롭다고 여기어 옛사람이 가죽을 허리에 패용佩用한 훈계에 사뭇 뜻을 두었다고 한다.

높은 학문적 식견과 자질에도 불구하고 비교적 이른 나이인 45세에 세상을 등진 조효연의 묘소는 경남 창원시 지개동芝介洞 청룡산靑龍山에 남아 있다. 참판參判 이우李堣의 딸인 숙부인 진성이씨眞城李氏와의 사이에 2남을 두었는데, 장남인 조윤신曺允愼이

창녕조씨 묘역(디지털창원문화대전)

조호익의 부친이고, 진사進士 조윤구曺允懼가 조호익의 숙부이다.

조윤신(1511~1571)은 자가 성중誠仲이고, 호는 노재魯齋이다. 어려서부터 과거시험에 관심을 두지 않고, 오로지 학문 연구와 수양에 매진하였으며, 조정으로부터 낭서郎署의 벼슬이 내려졌지만 취임하지 않았다고 한다. 귀암龜巖 이정李楨(1512~1571), 이락二樂 주박周博(1524~?), 후조당後凋堂 김부필金富弼(1516~1577), 갈천葛川 임훈林薰(1500~1584) 등 당대 영남의 유력한 학자들과 도의道義로써 교유하며 학문에 정진하였다. 여헌旅軒 장현광張顯光(1554~1637)의 기록에 따르면, 그는 본래 사직司直을 지냈으나 유명遺命에 따라

관작을 기록하지 않았다고 한다. 사후에 좌참찬이 추증되었으며, 묘소는 경상남도 창원시 북면 지개리에 있다.

조호익의 모친은 연복군延福君에 봉해진 장말손張末孫(1431~1486)의 손녀이자 선략장군宣略將軍 장중우張仲羽의 딸인 인동장씨仁同張氏이다. 부군과의 사이에 5남을 두었는데, 계익繼益, 광익光益, 희익希益, 호익好益, 겸익謙益 5형제가 그들이다.

조호익의 5형제는 모두 창원에서 나고 자랐지만, 성장하면서 선조의 원래 고향인 영천과의 인연을 두텁게 하였다. 그리고 무고에 따른 억울한 귀양살이, 임진왜란과 정유재란 등 격변기를 거치면서 파란만장한 생애를 보냈던 조호익은 말년에 이르러 선대의 고향인 영천으로 돌아와 여생을 마무리하였다. 증조부 대로부터 조호익 대에 이르는 4대에 걸친 지산 문중의 창원 시대는 이로써 막을 내리고, 새로운 지산종가의 영천 시대가 열리게 된 것이다.

4. 지산종가의 형성과 전개

조호익은 1545년(인종 1) 창원부 지개동에서 태어났지만, 무고로 인한 유배 때문에 한창 활동할 수 있었던 청장년기인 20대 후반부터 근 20여 년을 궁벽한 관서지방의 유배지에서 보내야만 했다. 그리고 임진왜란이 발발하자 의병장으로 우뚝 일어서 50대 중반까지 전장戰場을 누비며 의병을 진두지휘하면서 전국을 누볐으며, 55세 이후에야 비로소 영천에 은거하여 안정적인 여생을 보낼 수 있었다. 영천에서 보낸 마지막 10여 년간의 생애가 그에게 있어 학문과 후학 양성에 매진한 황금기라 할 만큼 조호익의 인생은 파란만장 그 자체였으며, 이때가 지산종가가 형성되는 초입에 해당한다고 할 수 있다.

영천에 은거한 후 조호익이 생의 마지막을 보낸 도잠서원 인근인 대창면은 영천의 최남단에 해당한다. 용호리龍湖里의 도잠서원을 비롯하여 신광리新光里에 위치한 지산고택 등 조호익과 관련된 크고 작은 유적들 대부분은 대창면 일대에 산재해 있다. 그만큼 지산종가와 대창면은 떼려야 뗄 수 없는 관계에 놓여 있다.

대창면이라는 이름은 1914년 행정구역 통폐합 당시에 큰 창고가 이 지역에 있었기 때문에 비롯된 이름이다. 원래 이 지역은 모래(모사)가 많아 그 이전에는 '모사면' 이라고 불렀으며, 20세기에 접어들어 창수면의 일부와 홍해군 북안면의 일부가 모사면과 합쳐져 대창면이 신설됨에 따라 지금의 대창면이 되었다.

대창면 가운데 지산고택이 자리한 지산촌芝山村을 품고 있는 신광리는 개상동, 효일동, 지일동을 합친 마을로 '새로 빛나라' 라는 뜻의 '신광新光' 이라는 이름이 붙여졌다고 한다. 그리고 조호익이 후학을 양성하며 기거하던 곳에 건립된 도잠서원이 위치한 용호리는 1914년 행정구역을 통폐합할 때 '용교龍橋' 와 '송호松湖' 의 이름을 따서 용호동이라 한 것에서 유래한다.

신광리와 이웃한 용호리는 동남쪽의 구룡산과 서남쪽의 금박산이 마을 뒤를 감싸고 있으며, '영지사' 뒷산에서 발원한 물줄기와 마을 뒷산에서 발원한 개천이 마을 앞에서 합류하여 대창천에 이른다. 북쪽은 좁은 계곡이 연이어져 있어서 하나의 작은 분지 모양을 형성하고 있다. 낮은 구릉성 산지로 둘러싸인 두 곳은 비교적 넓은 농경지가 펼쳐져 있어 농사짓기에 적합한 안정된 마을이다. 봄이면 복숭아꽃이 만발해 지나는 사람들의 눈길을 사로잡을 만큼 장관을 이루며, 높지 않은 구릉 사이로 밭이 펼쳐져 있고 그 사이로 실개천이 흘러 산수가 좋기로 일찍부터 소문이 난 곳이다. 그리고 지산고택이 위치한 마을을 중심으로 옹기종기 모여 있는 가옥들은 전형적인 농촌마을의 풍광 그 자체로 비쳐지고 있다.

지산고택 주변의 마을에 사람이 살기 시작한 때는 대략 400여 년 전부터라는 것이 마을 사람들의 전언인 것을 미루어 보면, 조호익이 이곳에 정착하기 이전에는 신광리나 용호리 지역에 특기할 만한 마을이 형성되지 않았던 것으로 짐작된다.

마을 주변의 구룡산과 오지산五芝山의 열두 봉우리를 배경으로 자리 잡고 있는 유서 깊은 전통 사찰인 '영지사'의 자취가 현재 온전히 전해지지만, 조호익이 이곳에 터를 잡을 때 영지사는 폐허 수준이었다고 한다. 조호익은 지금의 신광리와 용호리 지역에 정착할 무렵에 영지사를 둘러본 소회를 「영지암기靈芝庵記」를 통해 다음과 같이 술회하였다.

> 이 절이 언제 창건되었는지는 알 수가 없다. 중간에 옥잠사玉岑師가 전우殿宇(神佛을 모셔 놓은 집)를 다시 중건하였는데, 임진년의 변란에 모두 불타 버리고, 오직 전殿만이 우뚝하게 홀

영지사(디지털영천문화대전)

로 남아 있었으므로, 중들의 무리가 찾아왔다가는 뒤도 돌아보지 않고 떠나간 지가 10여 년이나 되었다.…… 빽빽하게 우거진 관목 숲 사이를 보니 집이 몇 칸 있었는데, 기왓장은 부서져서 비가 새었고, 벽은 무너져서 바람을 막을 수가 없었으며, 기둥은 기울어지고 주춧돌은 삐뚤어져서 거의 지탱할 수조차 없었다. 이것이 이른바 전우殿宇라고 하는 것이었다.…… 이에 즉시 절을 수리하는 일을 담당할 만한 자를 찾은 끝에 지조智照와 원찬元贊 두 산인山人을 얻어서, 그들로 하여금 도맡아서 일을 하게 하였다. 그러자 일 년도 채 못 되어 공사가 끝났다.…… 절의 옛 이름은 '웅정사熊井寺' 였는데, 비속한 데다가

> 근거마저 없었다. 이에 동네의 이름이 지산芝山이었으므로 산 이름을 '오지산五芝山' 이라고 하고, 절 이름을 '영지암靈芝庵' 이라고 명명하였다. 그러고는 또다시 당률唐律 한 수를 지어서 그 사실을 기록하였다. 뒷날에 보는 자들이 업신여겨 조롱하면서 나무라지나 않으면 몹시 다행이겠다.

조호익은 영천의 도촌을 거쳐 오지산 자락에 자리를 잡은 이후, 이 지역의 사찰을 중수하고, 사람이 사는 마을로 변모시켰다. 그리고 오지산 아래에 숲과 시내의 경치가 좋은 곳을 선택하여 은거지로 삼고 현재의 도잠서원을 중심으로 학문의 전당과 마을을 이루었다.

조호익이 영천에 자리를 잡은 이래로 조호익의 자손들은 한 번의 이거도 없이 오롯이 지산고택을 형성하여 영천을 무대로 의미 있는 삶을 영위하였다. 조호익은 후사가 없어 셋째 형의 자제인 조이수曺以需(1588~1610)를 양자로 맞이하였다. 이후 그의 아들 조완曺輐(1609~1637)은 병자호란이 발발하자 의병을 일으켜 조호익의 충절을 이어 갔으나, 안타깝게도 젊은 나이에 일생을 마치는 비운을 맞이하였다. 하지만 그의 양자로 입적한 애일당愛日堂 조수창曺壽昌(1639~1689)은 과거공부에 매달리기보다는 경학 연구에 매진하여 조호익의 학문적 성취를 충실히 계승하였고, 훗날 장악원정掌樂院正이 증직되기도 하였다. 특히 그의 부인 아주신씨

鵝洲申氏는 『여교女敎』 4권을 남길 정도로 정숙하면서도 심려가 깊은 인물로 지금까지 기억되고 있다.

조호익의 4대손인 병체헌幷棣軒 조익천曺翼天(1661~1710)은 훗날 좌승지左承旨가 증직되었으며, 그의 아우 묵암默菴 조익한曺翼漢(1680~1741)은 17세기 영남 퇴계학파의 거목으로 평가받았던 갈암葛庵 이현일李玄逸(1627~1704)과 영천의 호연정浩然亭에서 후학 양성에 정진하던 병와甁窩 이형상李衡祥(1653~1733)으로부터 학문을 익혀 『계몽석의啓蒙釋疑』, 『예학요류禮學要類』, 『곤지수록困知隧錄』을 비롯하여 문집 10책을 저술할 정도로 학문이 출중하였다. 하지만 애석하게도 그의 저술은 화재로 인해 소실되어 현전하지 않고 있다. 그렇지만 그의 학문적 업적의 중심이 되는 예학과 역학 방면에서 이룬 탁월한 성취는 조호익의 그것을 이었다는 점에서 특기할 만하다.

조익천과 조익한 형제를 이어 조호익의 5대손인 덕계德溪 조선도曺善道(1688~1727)와 치재恥齋 조선적曺善迪(1697~1756) 형제도 학문적으로 뚜렷한 성취를 이룬 인물이었다. 조선도와 그의 아우 조선적은 퇴계학맥의 중심인물이었던 병와 이형상으로부터 학행을 인정받을 정도로 학문적 탁월성을 보였으며, 특히 조선적은 당대 '소퇴계'로 불리며 퇴계학맥을 주도했던 대산大山 이상정李象靖(1711~1781)과 교유하며 이룬 성취를 고스란히 문집으로 남기기도 하였다.

이 밖에도 조호익의 후손 가운데에는 7대 종손인 만오晩悟 조분구曺賁九(1743~1818)가 문집을 남겨 학행으로 두각을 나타내었다. 이렇듯 조호익의 후손들은 학문과 덕행을 통해 지산종가를 영남의 대표적인 종가로 자리매김하였다.

한편, 조호익의 후손 가운데에는 관료로 현달한 인물도 다수 배출되었다. 전라도병마절도사를 지낸 조호익의 6대손인 조학신曺學臣(1732~1800)을 비롯하여 통정대부로 현감을 지낸 8대 종손 조경하曺慶夏(1760~1827) 등이 대표적인 인물이다. 특기할 만한 사실은 국가적 위난기에 접어들면 조호익의 후손들은 그의 충절을 이어받아 언제나 국난 극복과 충절을 지키는 대열에 앞장섰다는 점이다. 병자호란 때 거의한 조호익의 손자 조완을 비롯하여, 일제강점기를 전후한 시기에 펼쳐진 영천의병의 대열과 3·1운동의 중심에는 언제나 지산가의 후손들이 자리하고 있었다.

이렇듯 조호익의 후손들은 조호익의 학문과 충절을 이어받아 가문의 전통과 풍모를 일구어 왔다. 그리하여 지산종가는 영천을 넘어 영남의 대표적인 불천위 종가 중 한 곳으로 지금도 영남인의 가슴 속에 기억되고 있다.

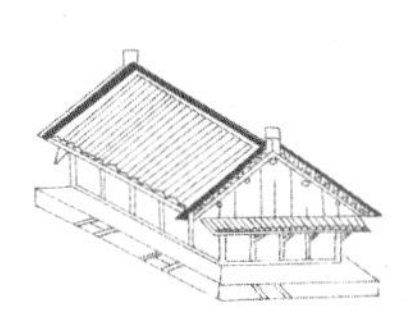

제2장
지와 의를 겸비한 실천적 지성, 조호익

1. 유학의 불모지를 변화시킨 관서 부자

1) 퇴계 이황을 통해 본격적인 학문의 길에 접어들다

조호익은 1545년(인종 1) 10월 21일 창원부에서 북쪽으로 10리쯤 되는 익동리杙洞里에서 참찬공參贊公 조윤신의 다섯 아들 중 넷째로 태어났다. 태어나면서부터 탁월한 자질을 보였던 그는 어려서부터 공자의 대표적 제자인 안자顔子와 민자閔子에 비유될 정도였다고 한다.

조호익의 탁월함은 8세 때 아버지로부터 글을 처음 배울 때 여실히 드러났다. 글자를 겨우 익히자마자 글 전체의 뜻에 통하였고, 항상 작은방에 기거하면서 책을 읽느라 문밖출입을 하지 않아 집안사람들이 '소방자小房子' 즉 '작은방 아이' 라고 불렀다고 한다.

처음 글을 배우면서도 위기지학爲己之學이 있는 줄 알았던 조호익은 10세에 이르러 퇴계의 문인인 귀봉龜峯 주박周博(1524~?)을 종유從遊하며 배움의 첫 길에 접어들었다. 주박은 친아버지가 주세곤周世鵾이지만, 백운동서원白雲洞書院을 설립한 숙부 주세붕周世鵬에게 입양되었고, 문장이 뛰어나 선조 초 형조좌랑에 있으면서 춘추관기사관으로 『명종실록明宗實錄』의 편찬에도 참여했던 당대의 명망 높은 학자였다. 평소 아버지와 교유 관계를 맺고 있었기 때문에 자연스럽게 조호익은 그의 문하에 나아가 첫 배움을 시작하였다. 조호익에 앞서 이미 그의 중형仲兄인 취원당 조광익曺光益(1537~1580)이 그에게서 가르침을 받고 있었기 때문에 자연스럽게 주박에게로 나아가 학문을 익히게 된 것이었다.

주박의 가르침을 받으며 학문에 정진하던 조호익은 여러 경서經書와 『사기史記』 등을 널리 읽어 나갔다. 이 시기 그는 주박의 문하에서 함께 공부하던 중형과 늘 책상을 마주하며 강론하였고, 이를 통해 서로의 학문에 진일보를 꾀하였다. 이러한 과정을 거치면서 조호익은 학문에 더욱 힘썼으며, 경전의 이치를 강구하게 되었다.

그러던 중 16세에 이르러 조호익은 귀봉에게서 성리학의 진수가 담긴 『주자대전朱子大全』과 『황극경세서皇極經世書』를 구하여 보고자 하였다. 그러자 귀봉은 조호익에게 "이 책은 과거공부하는 젊은이가 보기에는 적합하지 않은 책이다"라고 타이르며 거절하였고, 조호익은 물러나와 스스로에게 "이는 나의 학문의 힘이 충분하지 못하여서이다"라고 탄식하였다고 한다.

이 일이 있은 후, 조호익은 더욱 분발하여 학문에 매진하였다. 문을 닫고 조용히 거처하며 반드시 보던 책을 다 끝마친 뒤에야 음식을 먹었고, 밤이면 상투를 매달아 놓아 잠을 깨곤 하였으며, 읽던 책을 다 읽어야만 그만두는 등 잠자고 먹는 것조차도 잊어버릴 정도로 학문에 정진하였다. 그러면서도 부모를 섬김에 효순하여 날마다 새벽에는 반드시 문안을 올렸고, 저녁에는 반드시 잠자리를 정하여 살펴드렸다. 아침저녁으로 몸소 부모를 봉양하는 것을 게을리하지 않았으며, 조금이라도 부모님이 불편하면 옷과 띠를 벗지 않았다. 더구나 형제간의 우애가 남달라 인근 사람들 가운데 그를 존경하고 따르지 않는 사람이 없었을 정도였다.

학문 본연의 참뜻을 깨닫기 위해 학문에 매진하던 조호익은 부모님을 위하여 과거공부에도 게을리하지 않았다. 그러던 중 16세가 되던 1560년(명종 15)에 이르러 진주晉州에서 열린 하과夏課에서 수석을 차지하였고, 그해 가을에 열린 향시鄕試에도 응시하여 생원시生員試와 진사시進士試, 그리고 문과시文科試에 연이어 합격하였다. 하지만 조호익은 연이어 과거에 합격하는 영예를 안았지만, 과거의 합격 불합격에 마음을 두지 않았으며, 이러한 태도로 인해 날로 명성이 높아 갔다.

17세에 이르러 조호익은 당대 조선의 최고 석학인 퇴계退溪 이황李滉을 찾아 배움을 청하게 되었다. 퇴계와의 만남을 인생의 큰 전환점으로 여겼던 조호익은 자신이 보던 책의 앞면에 "신유년 윤5월 26일에 퇴계선생을 뵈었다"라고 기록할 정도였다. 첫 만남 이후 수시로 창원 집을 떠나 안동의 퇴계를 찾았던 조호익은 자신의 뇌리에 아로새겨진 퇴계와의 첫 만남을 잊지 못하였고, "퇴계선생은 순수하고 온화하여 모시고 앉아 있으면 화기和氣가 사람을 엄습하는데, 명도明道선생도 응당 이와 같았을 것으로 생각된다"라고 기록하였다.

지속적으로 퇴계를 찾아 학문을 익히던 중, 조호익은 19세 때인 1563년(명종 19)에 이르러 퇴계가 창원을 방문하자 지체 없이 퇴계를 마중 나가 바로 가르침을 받았다. 퇴계를 만나자 조호익은 그와 함께 『대학大學』을 강독하게 되었고, 학구열에 불탔던 그는 평소 『대학』을 읽으면서 의심을 품었던 부분을 퇴계와 강독하면서 기탄없이 질정하였다. 그리고 이 강독을 잊지 않기 위해 "선생께서 창원 집 초정草亭의 벽에 글을 써서 붙였다"라고 기록하고, "「강고康誥」에서 말한 '작신민作新民'에 대해 강의하였다" 라고 적어 두었다.

21세에 이르러 조호익은 중형 취원당 조광익과 함께 도산으로 찾아가 퇴계와 함께 『주자어류朱子語類』, 『근사록近思錄』 등을 강독하고 질정하기도 하였다. 이렇듯 퇴계문하에 입문한 이후, 조호익은 주기적으로 퇴계를 찾아 학문을 익혔으며, 이를 통해 주자학의 정수精髓와 퇴계학의 골간骨幹을 전수받았다.

23세 때인 명종 22년(1567) 6월에 이르러 도산에 머물며 학문을 익히던 조호익은 퇴계를 모시고 한양을 갈 기회를 갖게 되었다. 당시 조정으로부터 부름을 받은 퇴계가 조호익을 데리고 한양으로 가고자 한 것이다.

퇴계를 모신 조호익은 안동을 떠나 한양에 도착하였지만, 얼마 지나지 않아 명종이 승하하는 변고를 맞이하게 되었다. 이른바 국상國喪을 당한 것이다. 조정의 부름을 받아 한양에 도착하였지만 뜻하지 않게 국상을 당하게 되자 퇴계는 성균관成均館에 여러 달 머물게 되었고, 이때 조호익은 퇴계를 모시며 고봉高峯 기대승奇大升(1527~1572)을 비롯하여 한양에 기거하던 당대 명유名儒들과 교유할 수 있는 기회를 갖게 되었다. 고봉과 조호익과의 만남은 몇 년 뒤 고봉이 조호익을 선조에게 추천하는 계기가 되었는데, 그 내용에 대해 『지산집芝山集』에 수록된 「연보年譜」에는 다음과 같이 기록하고 있다.

> 고봉이 경연經筵에서 시강侍講을 하게 되었다. 그러자 임금인 선조가 고봉에게 "요즘 현명한 인재로는 누구를 추천할 만한가?" 라고 하문하였다. 그러자 고봉은 율곡栗谷 이이李珥, 한강

寒岡 정구鄭逑, 조호익의 중형인 취원당, 그리고 조호익이라고 답하였다. 특히 고봉은 조호익에 대해 실행實行을 칭찬하며 추천하였다.

조호익이 퇴계를 모시고 한양에 머물던 길지 않은 기간 동안에 고봉은 퇴계 곁에 머물며 교유하던 조호익의 학덕과 인품을 알게 되었고, 임금에게 인재를 추천할 기회를 얻자 주저 없이 조호익을 추천한 것이었다. 20대 중반의 조호익은 학문적 자질과 경세적 풍모를 갖춘 젊은 인재로 평가받을 만큼 준비된 인물이었던 것이다. 그리고 그 바탕에는 퇴계를 통한 학문적 열정과 성취가 자리하고 있었다.

약관의 나이인 10대 후반부터 10여 년간 퇴계의 훈도를 받으며 학문의 길에 본격적으로 접어든 조호익은 퇴계의 말년 제자에 해당한다. 학덕 이외에 퇴계가 보여 준 인품에 감화를 받으며 퇴계학의 골간을 이어받은 조호익은 그의 나이 26세에 이르러 참스승 퇴계를 잃는 슬픔을 맞이하게 되었다. 이에 조호익은 초고가 모두 불타 전해지지 않지만, 만사輓詞와 제문祭文을 통해 추모의 정을 표현하였고, 짧지 않은 10여 년의 세월 동안 퇴계를 모시면서 알게 된 내용을 간략하게 서술하여 존경과 사모의 정을 담은 『퇴계선생행록退溪先生行錄』을 저술하였다. 이 글을 통해 조호익은 퇴계를 다음과 같이 평가하였다.

주자께서 이미 죽은 뒤에는 문인門人들이 각자 자신이 들은 것을 가지고 사방에 전수하였는데, 대부분 본래의 요지要旨를 잃어버린 탓에 말류末流에 이르러서는 점차 착오가 났다. 이에 어느 사이에 이단異端으로 빠지게 되어 사도斯道의 정맥正脈이 중국에서는 이미 끊겼다. 퇴계선생께서는 외국 땅에서 수백 년 뒤에 태어나 박문博聞과 약례約禮 두 가지로써 나아가고, 경敬과 의義로써 안팎에서 추켜세워, 다른 학문에 유혹되지 않고서 순수하게 한결같이 바른 데에서 나왔다. 그리하여 주자학문의 적전嫡傳을 이어받았는바, 우리 동방에서만 비견될 만한 인물이 없을 뿐만 아니라, 중국에서도 비슷한 사람조차 찾아볼 수가 없으니, 실로 주자가 돌아가신 뒤에는 오직 퇴계선생한 분뿐이다.

2) 무고로 인해 고난의 여정을 떠나다

조호익은 평생의 스승인 퇴계가 세상을 떠난 후에도 학문에 정진하며 부모를 섬기는 데 정성을 다하였다. 어버이의 잠자리를 보살피고 맛있는 음식을 대접하는 일을 몸소 행하던 조호익은 27세에 이르러 부친 참찬공을 잃는 슬픔을 맞이하게 되었다. 상을 당하자 조호익은 형제들과 함께 장례에 필요한 모든 준비와 절차를 한결같이 예법에 따라 진행하였으며, 부친을 잃은 슬픔에 몸이 축나 목숨을 잃을 지경에 이르기까지 하였다. 하지만 조호익은 슬픔을 가누고 몸을 추슬러 정성을 다해 창원부 북쪽 옥비동玉碑洞 유좌酉坐의 터에 참찬공을 장사 지냈다. 옥비동은 조호익의 증조부인 정우당공이 청백리로 칭송을 받아 조정으로부터 옥돌로 된 비석 두 개를 하사받고, 그중 하나를 창원부 지개동에 위치한 정우당공의 부인인 창원박씨 묘소에 세웠기 때문에 인근 사람들이 그 터를 불렀던 것에서 유래하는데, 이때 조호익은 참찬공의 유택幽宅을 이곳으로 정한 것이었다.

부친을 잃은 슬픔이 채 가시기 전에 조호익은 이듬해인 1572년(선조 5) 12월에 어머니 정부인貞夫人 장씨張氏의 상을 당하게 되었다. 거듭 내간상內艱喪을 당하자 조호익은 『주자가례朱子家禮』를 준행하면서도 여러 예서를 참고하여 온 정성을 기울여 장례를 치렀다. 정부인의 묘를 참찬공의 묘소 오른쪽에 부장하였고, 장사를 지낸 후 산소 곁에 여막廬幕을 짓고 시묘侍墓하면서 소상小祥과 대상大祥을 무사히 치렀으며, 3년 뒤 2월에 이르러 삼년상을 모두 마치게 되었다.

한창 학문에 정진하며 학자로서의 성취를 이루어야 할 시점에 연이어 부모상을 당하여 슬픔에 빠졌던 조호익은 삼년상을 마친 그해에 또 다른 시련과 만나게 되었다. 당시 경상도도사慶尙道都事인 최황崔滉(1529~1603)의 무고誣告로 평안도 강동江東으로 유배를 가게 된 것이다. 그때의 전후 사정을 『지산집』에 실린 내용을 토대로 정리하면 다음과 같다.

조호익이 31세 되던 선조 8년(1575) 3월, 경상도도사 최황이 경상도에서 부족한 군사를 채우기 위하여 장정들을 골라서 군적軍籍에 올리는 작업을 진행하였다. 당시에는 관아에서 군대 입대를 독려하는 일을 대개 지역에 살고 있는 명망 있는 인물에게 맡겼는데, 그 이유는 누구나 군대에 가기 싫어했기에 지역의 명망 있는 인사의 협조가 절실했기 때문이었다. 그래서 최황은 향원鄕員이 될 자격이 있는 집안의 명부인 향안鄕案을 검토한 후, 당시 지역에서 존경을 받고 있던 조호익에게 창원부 장정들이 징집에 응하도록 검사하고 독려하는 책임을 맡기고자 하였다. 하지만 당시 조호익은 복제가 끝나지 않았고, 또한 병이 중하여서 그 책임을 맡을 수 있는 형편이 아니었다. 그래서 그 책임을 사양하였다. 그 소식을 접하자 최황은 몹시 화가 나 명령을 어겼다는 이유를 들어 조호익에게 국역國役에 나아가지 않는 장정인 한정閑丁 50명을 바치도록 요구했다. 그러자 조호익은 집에 있는 어린 종들을 포함하여 15명을 모두 내놓았지만 그 숫자를 채울 수가 없었다. 당시 창원 고을의 수령을 비롯한 모든 사람이 앞다투어 "이 사람에게 천한 책임을 맡겨서는 안 된다"며 항의하였고, 이 소식을 접한 최황은 더욱 분노하였다. 그러고는 부하들을 데려다가 엄하게 곤장을 쳤으며, 그다음 날에도 잡아가기를 그치지 않았지만 조호익은 병이 심하여 나아가지 못하였다. 상황이 더욱 곤경으로 치닫는 가운데 최황은 조호익에게 '향리鄕里에서 무단武斷한다'는 죄목을 들어 조정에 조호익과 그의 가족을 모두 평안도나 함경도의 변방으로 강제 이주시키는 형벌인 '전가사변全家徙邊 시킬 것'을 요청하기에 이르렀다.

'전가사변'은 조선 세종 때부터 북방지역을 개척하기 시작하면서 남쪽지역의 백성을 이주시키고자 하였지만 응하는 사람들이 없자, 그 정책의 하나로 범죄를 지은 사람을 강제로 이주시키는 형벌이었다. 대체로 전가사변의 대상자는 문서 위조자나 좀도둑, 그리고 우마도살자牛馬屠殺者나 관리로서 백성을 억압하는 자 등이었는데, 최황은 조호익을 지목하여 조정에 전가사변의 대상으로 요청한 것이었다.

이 소식이 전해지자 창원을 위시한 인근 지역의 선비들이 주변에 이 사실을 알리고, 대궐에 항의하는 글을 올리자는 논의를 진행하였다. 하지만 이러한 노력은 수포로 돌아갔고, 마침내 1576년(선조 9)에 이르러 "조호익과 그의 가족을 평안도 강동江東으로 전가사변시킬 것"을 내용으로 하는 명령이 조정에서 내려지고 말았다.

추위가 채 가시기 전인 3월, 조호익은 가족과 함께 유배의 길을 떠나게 되었다. 창원 본가에서 2천 여 리나 떨어진 북변北邊

의 강동으로 조호익이 유배를 간다는 소식이 전해지자 인근의 친구들이 모두 찾아와 위로의 인사를 전하였다. 그러자 조호익은 '운명'이라고 담담히 말하면서 편안하게 받아들였고, 원망하는 기색을 전혀 보이지 않았다고 한다. 이어 그는 집안의 사당인 가묘家廟에 하직을 고하고, 조상의 묘를 성묘한 후 가족을 데리고 기약 없는 먼 여정을 시작하였다.

조호익과 일행은 집을 출발하여 창원의 영포역靈浦驛과 영취靈鷲, 포산苞山(지금의 현풍), 성산星山, 감주甘州(지금의 개령), 선산善山의 금오산金烏山, 기주岐州(지금의 선산), 함창咸昌의 당교唐橋, 문경聞慶의 토탄兎灘과 조령鳥嶺, 충주忠州의 금탄金灘, 구성駒城(지금의 용인)을 거쳐 한양을 지나게 되었다. 그러자 한양 인근에 사는 여러 벗들이 강가에 나와 그를 전송하였고, 이때 친한 벗 중 한 사람이 "군자는 곤란한 데 처해서도 평안하니, 아홉 번을 죽더라도 맘을 바꾸지 말라"(君子處困可亨, 九死不移)라는 말로 그를 격려하였다. 그러자 조호익은 자신을 알아준 데 대하여 매우 감격하였다고 한다.

한양을 지나 벽제역碧蹄驛에 이르러서 조호익은 중형 취원당과 작별을 고하였다. 창원 집에서 만나지 못한 취원당이 형제간의 정의情誼를 금할 수 없어 선산까지 찾아와 만남을 가졌고, 차마 작별하지 못하고 동행하여 벽제역까지 길을 함께한 것이었다. 이후 임진臨津, 송경松京, 곡령鵠嶺, 용천龍泉, 봉산鳳山, 황주黃州, 중화中和 등을 거쳐 강동에 도착한 조호익 일행은 지씨池氏 성을 가진 사람의 집에 임시로 거처를 마련하였다.

2백여 년이 흘러 조호익의 6대손인 조학신曺學臣(1732~1800)이 지금의 평안도 강서인 함종咸從의 수령이 되었을 때, 조카 조응구曺應九가 따라가 청계서원淸溪書院의 묘우廟宇를 알현謁見하면서 조호익이 머물렀던 지씨 성을 가진 사람의 손자를 찾아보았다. 그 손자는 "저의 할아버지가 선생을 직접 뵈었는데, 키는 보통 사람 이상이고 얼굴 모습은 훤칠하면서도 길쭉하였다고 하였습니다"라고 하며 당시 조호익의 모습을 또렷이 기억하여 전하였다고 한다.

강동에 도착하여 임시 거처를 마련한 조호익은 억울한 유배의 길을 떠나는 자신의 심경을 「서정부西征賦」에 담아 노래하였다. 2천여 자에 이르는 장편인 이 글을 통해 조호익은 자신의 고향인 창원을 떠나는 소회는 물론이거니와 유배지 강동까지의 여정, 그 속에서 느낀 서글픈 심정, 친지들과 이별하는 애달픈 정 등을 담백하게 담아냈다. 특히 그는 자신의 내면 깊숙이 자리한 유배지에서의 심정과 각오를 다음과 같이 담담히 그려냈다.

군자는 도를 지키는 게 중하니	君子所重者在道
오랑캐 땅에서도 행할 수가 있네.	謂可行於蠻貊
환난에 처해서는 환난대로 행하나니	素患難行乎患難
위로도 원망 않고 아래로도 허물 않네.	上不怨兮下不尤

천리 타향 낯선 유배지에 도착한 조호익은 이른바 셋방살이를 하면서도 학문을 게을리하지 않았다. 의리義理와 상수象數가 온축된 『주역周易』을 읽으며 진퇴進退와 소장消長, 길흉吉凶과 회린悔吝의 이치를 강마하였고, 그 뜻을 마음속으로 체득하고자 온 정성을 기울였다.

한편, 머나먼 변방에 옮겨와 살게 되면서 제사에 참여할 수 없게 되자, 조호익은 지방紙榜을 써 붙이고 돌아가신 아버지와 어머니의 기제忌祭를 지내는 등 가례家禮에 온 정성을 기울였다. '형제가 멀리 떨어져 살 때에는 각자 시제時祭를 지내는 법' 이라는 예법을 준용하여 귀양 중인 자신도 동지冬至에 조상들께 시제를 지내기도 하였다.

조호익은 용도에 맞춰 제사 용품을 별도로 갖추어 보관하는 것은 물론이거니와, 샘물은 미리 깨끗하게 걸러 준비하는 철저함을 보였으며, 특히 제례에 쓰일 물은 다른 사람들이 함부로 긷지도 못하게 하였다. 심지어 그는 제사 일을 맡은 이들에게 모두 기일 전에 목욕을 하도록 지시하였고, 제사 일을 볼 때에는 헝겊으로 입과 코를 가린 뒤에 일을 보게 하였을 정도였다고 한다. 북방에 살면서 제사를 지내야 했기 때문에 조호익은 남쪽지방에서 나는 물품을 미리 구하여 따로 저장해 두었다가 시제 때가 되면 그것을 사용하였을 만큼, 제사 지내는 모든 절차에 항상 정성과 공경을 극진히 하였다.

3) 관서지방에 퇴계학을 뿌리내리다

강동에 도착한 이듬해인 선조 10년(1577), 조호익은 1년 가까운 더부살이를 끝내고 고지산高芝山 아래에 살 곳을 정하였다. 고지산은 그의 유배지 강동현에서 동쪽으로 5리 정도 되는 곳에 위치해 있는데, 산골짜기가 깊고 숲이 우거져 있었다. 그리고 그 가운데 깊숙하고 우묵한 돌구멍(石竇)이 있어 샘물이 흘러나와 깊은 못을 이루었는데, 돌을 던지면 옥이 부딪히는 소리가 울렸다고 한다.

이러한 지형을 보고 조호익은 그 곁에 축대를 쌓고 '명옥대鳴玉臺' 라고 이름을 붙였다. 그리고 자신의 서재書齋는 '수지재遂志齋', 당堂은 '풍뢰당風雷堂' 이라 명명하였다. 조호익은 서재 좌우에 도서를 비치해 두고 그 가운데 단정히 앉아 정밀하게 연구하며 깊은 생각에 잠기기를 반복하였다.

유배생활 중임에도 조호익이 학문에 침잠하자, 집안은 가끔 먹을거리가 떨어져 요기할 수 없는 지경에 이르기도 하였다. 이럴 때에도 조호익은 아무렇지 않은 듯 심의深衣에 복건幅巾 차림을 하고 그 가운데 단정하게 앉아 서책을 읽으면서 태연한 모습을 보이곤 하였다. 그러면서 그는 선비의 고고함과 비록 빈한하더라도 의로움을 잃지 않는, 지조를 지키겠다는 의지를 은연중 드러냈고, 이러한 그의 의지는 「유거부幽居賦」를 통해 오롯이 표현되었다.

유배지에서도 학문에 매진하며 도학자로서의 태도를 견지한 조호익에 대해 당시 친분이 있었던 율곡栗谷 이이李珥(1536~1584)는 술을 보내어 위로하면서 아래와 같은 시로 그를 권면하였다.

신용탄가 서재 안의 도학공부하는 사람,	神舂灘上下帷人
번잡스러운 객은 문 앞 찾아들지 않으리라.	想得門無好事賓
가을 이슬같이 맑은 술 한 병을 보내니,	寄與一瓶秋露色
책 읽느라 바짝 마른 입술 가끔 적시게나.	倦來時潤讀書脣

이 시의 신용탄은 석두石竇를 가리키는데, 조호익과 율곡이 도의로 인연을 맺고 학문으로 권면한 관계가 상당하였음을 보여준다. 이 시가 아니더라도 당시 유배생활을 시작한 조호익은 억울한 유배의 한恨을 학문으로 승화시키며 살아가고자 하였다. 그리고 스스로 학문적 성숙을 이루며, 군자로서의 삶을 지속하기 위해 독서에 매진하였다.

당대 최고의 학자인 퇴계의 문인이자 학문적 성취가 높았던 조호익이 학문의 불모지나 다름없는 관서關西지역에서 유배생활을 시작하면서 학자다운 삶을 영위하자 오래지 않아 그의 학문적 명망은 인근 지역에 퍼지게 되었다. 그리고 원근에서 조호익에게 배움을 청하는 자가 수백 명을 상회하게 되었고, 조호익의 서사書舍에 다 수용할 수가 없을 정도였다고 전한다.(哲宗朝에 判書 洪

祐吉이 慶尙道觀察使가 되었는데, 일찍이 사람들에게 말하기를, "몇 해 전에 成川의 수령으로 나갔는데, 어떤 官屬이 학문과 덕행을 지녀 한 지역에 명망이 대단하였다. 그 고을의 선비들이 그를 별도로 추천하여 鶴翎書院의 院任을 맡겼다. 내가 그 사실을 듣고 가상하게 여겨 그를 불러 淵源의 내력을 물었더니, 조호익 선생이라고 답하였다. 관서지역 백성들이 선생을 우러러 사모하는 것이 지금도 이와 같다"라고 하였다.)

조호익의 유배지인 강동이 속한 관서지역은 북쪽으로 오랑캐와 인접해 있었고, 학문과 정치 그리고 문화의 중심인 한양과는 그 거리가 멀어 예로부터 그곳에는 '선생先生'으로 자처할 만한 학자가 없었다. 당시 이 지역의 사람들은 대체로 학문을 배울 줄 몰랐으며, 습속習俗 또한 사리에 몹시 어두워 고례古禮를 알지 못하였다고 한다. 설령 지역 사람들 가운데 학문에 뜻을 둔 사람이 있더라도 자신의 뜻대로 학문을 배울 수 있는 여건이 조성되어 있지 않았는데, 퇴계학의 정수를 익힌 학자 조호익이 이 지역으로 유배를 와 학문에 정진하자 그 모습을 본 지역의 인사들이 평소에 지닌 학문에 대한 열망을 불태우고자 원근에서 식량과 서책을 싸 들고 모여들었으며, 그의 집 문밖에는 항상 신발이 가득하였다고 한다.

이미 창원에 거주하던 26세 때(1570)에 영천의 유생 이희백李喜白(1548~1608)에게 글을 가르쳤던 조호익은 이때부터 본격적으로 관서지역에서 가르침을 베풀며 후학을 양성하였다. 그는 자신에게 배움을 청한 이들을 각자의 재주에 따라 가르쳐 인도하였고, 지역에 학문의 기풍을 세우기 위해 다양한 노력을 경주하였다.

그는 향촌의 선비와 유생들이 향교나 서원 등에 모여 학덕과 연륜이 높은 이를 주빈主賓으로 모시고 술을 마시며 잔치를 하는 향촌의례鄕村儀禮 중 하나인 향음주례鄕飮酒禮를 행하여 읍양揖讓하는 절차를 몸소 보였다. 이러한 습속이 없던 지역에 단壇을 설치하고 두 손을 맞잡아 얼굴 앞으로 들어 올리며 허리를 앞으로 공손히 구부렸다가 몸을 펴면서 손을 내리며 사양하는 과정을 보여 주면서 유풍儒風을 진작시키고자 하였다. 그리고 『예기禮記』「옥조玉藻」를 바탕으로 명나라 학자인 경산瓊山 구준丘濬의 설을 참고하여 옛날의 제도대로 심의深衣와 치포관緇布冠을 만들어 가끔 착용하였는데, 관서지방의 백성들이 모두 경탄하였다고 한다.

나아가 조호익은 자신의 학도들이 습속에 젖어 분연히 떨쳐 일어나 학문에 정진하기 어려운 점을 고려하여 학과學課의 규칙을 엄하게 세우고 학업에 게을러지지 않도록 권려勸勵하였다. 아무리 춥고 더워도 병이 나지 않는 한 조호익은 강독하는 자리를 떠나지 않았다.

36세가 되던 1580년에 이르러 조호익은 산승山僧 몇 사람을 시켜 고지산 골짜기의 깊숙한 곳에 '고지사高芝寺'라는 절을 짓게 하였다. 그리고 문하의 학도들이 학업을 익히는 곳으로 삼았다. 조호익도 가끔 이곳에 머물면서 시가詩歌를 읊고 경치를 구경하기도 하였다.

이렇듯 조호익의 노력에 힘입어 그의 문하에서 학문을 익힌 합강合江 박대덕朴大德(1563~1654), 우천愚泉 윤근尹瑾, 서암西菴 김익상金翼商, 한천寒泉 홍덕휘洪德輝 등 관서의 젊은 선비들은 훗날 우뚝한 학자로 크게 성장하였다. 조호익 생전에 이미 관서지방에 '서하西河의 기풍'이 크게 일어났다는 평가가 나올 정도였다. 서하의 기풍이란 공자의 제자인 자하子夏가 서하교수西河敎授로 있으면서 학문을 일으킨 것을 인용하여 조호익이 유학의 불모지였던 관서지역에 학교를 세우고 제자들을 가르친 것을 가리켜 말하는 것이다.

서하의 기풍이 일어나자 조호익의 문하에는 강동의 젊은 선비들 이외에 관서지역의 수령으로 부임한 관료들의 자제들까지 입문하기 시작하였다. 죽창竹牕 이시직李時稷(1527~1637)은 조부 이정현李廷顯이 강동의 수령으로 부임하자 따라와 10세의 어린 나이에 조호익의 문하에 입문하여 학문을 익혔고, 훗날 율곡栗谷의 수제자인 사계沙溪 김장생金長生의 문인이 되었다. 특히 그는 병자호란이 일어나자 강화에 들어갔다가 오랑캐에게 강화가 함락되자 '내 몸을 죽여 인仁을 이루니, 내 행동에 부끄러워할 것 없다'는 "살신성인부앙무작殺身成仁俯仰無怍"이라는 말을 남기고 활끈으로 목을 매어 자결하였는데, 그의 이러한 의로운 모습은 조호익에게서 영향 받은 바가 크다는 평가를 받기도 하였다.

훗날 좌찬성에 증직된 김비金棐의 자제들도 조호익의 문하에 입문하였다. 강동의 수령으로 부임한 김비는 그의 아들 김흥우金興宇(1564~1594)와 김흥효金興孝에게 명을 내려 조호익의 문하에서 학문을 익히도록 하였고, 조호익은 그들에게 『역학계몽易學啓蒙』을 비롯한 주요 경전을 가르쳤다. 뒤이어 김흥우의 아들 잠곡潛谷 김육金堉(1580~1658)도 아버지를 따라 조호익에게서 배우기를 청하여 조호익의 문하에 입문하였다. 훗날 김육은 조호익이 세상을 떠나자 조호익의 산소 곁에 여막을 짓고 석 달 동안 시묘를 하는 등 조호익의 대표적인 문인으로 성장하였다.

가족을 데리고 낯설고 험난한 강동 땅으로 강제 이주를 당하여서도 의연하게 학자로서의 길을 걸었던 조호익은 퇴계문하에서 함께 공부하며 깊은 정을 나누었던 한강寒岡 정구鄭逑(1543~1620)를 비롯한 동료 문인들과도 지속적으로 교유하였다. 특히 정구는 조호익과 가장 친밀하였는데, 1583년(선조 16) 9월에 이르러 당시 백곡栢谷 정곤수鄭崑壽가 파주坡州의 수령으로 나가 있을 때 형의 임지에 왔던 정구는 조호익을 찾아 강동을 방문하여 정을 나눌 정도였다.

한편, 고지산 자락에 터를 잡고 학문 연구와 제자 양성에 힘을 기울이던 조호익은 이주한 지 10여 년이 지날 무렵인 1585년(선조 18)에 이르러 관서의 진산鎭山인 묘향산妙香山과 성천成川지역의 이름난 경치를 자랑하는 향풍산香楓山을 유람하기도 하였다.

그는 관서의 풍광을 둘러보며 자신을 되돌아보고 유자로서 자신의 지향을 가다듬었다. 이러한 그의 지향은 묘향산을 찾았을 때 지은 「향로봉香爐峯」을 통해 엿볼 수 있다.

속세 떠나 만 길이나 높은 산 오르려니	遺世要登萬仞山
층진 구름 쌓인 골짝 몇 겹이나 막혀 있나.	層雲堆壑幾重關
우리들은 이로부터 속세 사람 아니거니	吾儕自是非凡骨
속세로 못 돌아가게 산은 빗장 잠그누나!	故鎖塵蹤不放還

강동에서의 유배생활을 통해 유자로서의 지향을 가다듬으며 강학에 열중하던 조호익은 이 시기에 접어들어 적지 않은 비탄에 잠기기도 하였다. 강동에 도착한 뒤 몇 해 지나지 않은 1578년(선조 11)에 이르러, 중형 취원당을 잃었다. 취원당은 가장 아끼는 동생인 조호익을 만나기 위해 평안도도사를 자원하여 귀양지를 자주 찾았는데, 그해 5월 임지에서 세상을 떠나고 말았다. 그리고 조호익은 중형을 떠나보낸 지 얼마 지나지 않은 그해 12월에 이르러 막냇동생 사직司直 조겸익도 떠나보내는 비통함을 맞이하게 되었다.

잇달아 도타웠던 형제를 떠나보낸 조호익은 1582년(선조 15) 5월, 말미를 받아 고향에 돌아와 선영에 성묘하였다. 이때 가깝게 지냈던 이종형姨從兄 정원침鄭元沈의 상喪을 당하여 비통에 잠기기도 하였다. 그리고 몇 년이 지난 1588년(선조 16)에 다시 말미를 받아 남쪽 고향으로 돌아와 선조의 묘를 살펴보기도 하였는데, 이미 세상을 등진 형제들과 조상에 대한 상념에 잠겼던 그는 다음과 같은 시를 남겼다.

옛날에 노닐던 곳 찾아와 보니	來尋舊遊地
안부 물음 십 년이나 지체되었네.	生死十年遲
백발이 다 되어서 뒤늦게 만나	白首過逢晩
청산 향해 하염없이 눈물 떨구네.	青山涕淚垂
촛불 가물대는 밤에 함께 자고는	連牀殘燭夜
소매 속에 이별시를 넣어 주누나.	拖袖贐行詩
이별하면 언제 다시 올지 모르니	此別歸難料
뒷날 만날 기약일랑 묻지를 마소.	且休問後期

이때의 남행길에 조호익을 찾은 인물은 뜻밖에도 억울한 그의 유배에 결정적인 책임이 있었던 당시 경상도도사인 최황이었다. 억울한 유배생활이었음에도 불구하고 교화가 미진한 관서지역의 유풍儒風을 진작시키고 있었던 조호익의 행적을 최황도 익히 들어서 알고 있었던 터였다. 그래서 그는 남행을 하던 조호익이 서울을 지나게 되자, 조호익이 머물던 여관을 찾아온 것이었다. 그리고 조호익의 손을 잡고 눈물을 흘리면서 다음과 같이 사

죄하였다.

> 그대가 강동에 산 이후로 나를 원망하는 말을 한마디도 하지 않았다고 하니, 참으로 운명을 아는 군자이다. 나는 그대를 무고한 죄로 혹독한 하늘의 재앙을 받을까 두렵다.

이런 말을 남긴 최황은 그 길로 경연經筵에 들어가 조호익의 억울함을 호소하며 선조에게 다음과 같이 아뢰었다.

> 조호익은 선인군자善人君子로 강동에 귀양 가 있은 지 지금 13년이나 되었습니다. 신이 처음에 그를 처벌하도록 청하였던 것은 국가의 법률을 엄하게 하지 않을 수 없어서였습니다. 지금에 와서 본다면 그와 같이 할 필요가 없었는바, 나이 젊었을 때에 한 일이 참으로 왜 그렇게 하였는지 의아스럽기만 합니다. 신은 현명한 이를 무고한 죄를 자복하여 무너진 풍속을 가다듬게 하고자 합니다.

최황에 이어 대관臺官이 번갈아 가면서 상소하여 조호익의 석방과 귀향을 청하였다. 그러나 임금인 선조는 유시를 내리면서 윤허하지 않았다. 그리고 다음과 같이 말하였다.

조호익에 대한 일은 나 역시 모르는 바가 아니다. 하지만 관서는 본래 문헌文獻이 없었는데, 조호익이 귀양살이를 한 뒤로 사람들이 학문을 알게 되어 스승으로 삼아 따르는 자들이 매우 많다고 한다. 그러니 우선은 조호익을 더 머물러 있게 하여 권면하고 장려하는 계제가 되게 하라.

조호익의 유배형을 풀어 줄 것이 진지하게 논의되었음에도 불구하고 선조는 조호익의 활동을 높이 평가하며 계속 머물면서 교화에 힘쓸 것을 독려하였다. 조호익은 자신의 해배解配에 대한 논의가 있었음에도 아랑곳하지 않고 강동에서 생활하면서 청빈한 삶을 지속하였다. 때로는 여러 번의 끼니를 거르는 것을 면하지 못하였지만, 태연히 생활하면서 학자로서의 길을 꿋꿋이 걸었다. 가끔 선물을 보내 주는 사람이 있으면, "읍邑에 공적인 재산이 있어서 충분히 생활할 수 있으니, 굳이 번거롭게 사사로이 구제할 것이 없다"라고 하면서 사양하기까지 하였다.

1589년(선조 22)에 이르러, 청빈한 삶을 지속하며 학자이자 선생으로서 관서지역의 기풍을 진작한 조호익에 대해 이 지역 유생 황경화黃慶華 등이 조정에 상소를 올려 억울함을 풀어 줄 것을 청하였다. 그러나 선조는 끝내 윤허하지 않고, 대신 손수 '관서부자關西夫子' 라는 네 글자를 크게 써서 특별히 하사하였다.

2. 임진왜란과 창의

1) 전선의 최일선에 나서다

자신의 불우한 처지를 비관하지 않고 학문에 매달리던 조호익은 1592년(선조 25) 4월에 이르러 잠시 학업을 미루고 산사를 찾았다. 그리고 동쪽을 바라보다가 갑자기 수심에 잠기며 안색이 변하였다. 그러자 옆에 있던 사람이 그 까닭을 물었다. 조호익은 다음과 같이 답하였다.

고향의 선산先山이 적의 소굴이 되겠구나.

이 일이 있은 지 얼마 지나지 않아 왜란倭亂이 일어났다는 소식이 전해졌다. 조호익의 예지력에 모두 탄복하지 않을 수 없었다. 그리고 얼마 지나지 않아 조호익의 제자 김육이 그의 숙부 김홍효와 함께 가족 수백 명을 데리고 와서 함께 우거하기를 청하였다. 한양에 기거하던 김육이 조호익을 찾아올 정도로 왜란 초기의 전황은 급박하게 돌아가고 있었다.

임진왜란은 1592년 4월 14일 왜군이 부산진을 침범하면서 본격화되었다. 왜란이 발발한 지 채 20일도 지나지 않은 5월 3일 한양이 함락될 정도로 왜군의 침략에 조선의 관군은 속수무책이었다. 선조를 위시한 대가大駕 행렬은 한양을 비우고 피난길에 올라 개성에 도착하였지만, 얼마 지나지 않아 다시 북으로 길을 재촉하여 평양성에 다다르게 되었다. 물밀듯이 올라오는 왜군의 기세가 예사롭지 않았던 것이다.

왜군의 기세가 높아지고 전세가 불리하게 돌아가자 선조는 뾰족한 대책 없이 그저 명나라의 구원병을 기다리며 초조한 나날을 보내고 있었다. 이때 백척간두에 처한 조선을 구하기 위해 백성들이 초개草芥와 같이 떨쳐 일어나 의병을 조직했고, 조호익이 활동하던 관서지역도 이러한 기풍이 자연스럽게 일어났다. 그리고 이러한 소식은 조정에까지 알려졌다. 그러자 퇴계문하에서 함께 수학한 서애西厓 류성룡柳成龍(1542~1607)은 조호익의 억울함을 선조에게 다시 한 번 진달進達하였고, 조정에서는 다시 조호익의 해배에 대한 의론이 제기되었다.

> 강동에 유배된 조호익은 인물이 쓸 만하다고 사람들이 모두 말하니 석방하여 상당한 직을 내림으로써 인재를 쓰는 길을 넓히소서.

조호익의 석방에 대한 의견이 분분하자, 선조는 조호익을 특별히 석방하도록 명하였다. 그리고 의금부도사義禁府都事에 임명하여 그를 불렀다. 그러자 조호익은 급히 말을 타고 가 선조를 알현하였고, 이때 선조는 조호익에게 다음과 같이 말하였다.

> 그대가 오랫동안 관서에 살아서 백성들이 모두 그대를 아끼며 공경한다고 들었다. 그러니 빨리 의병을 불러 모아 강탄江灘을 지키는 장수에게 넘겨주도록 하라.

선조를 알현한 후 조호익은 류성룡을 임반역林畔驛에서 만났는데, 왕실에 대해서 말이 미치자 눈물을 비 오듯이 쏟았다. 그러자 류성룡은 얼굴빛을 고치고는 감탄하면서 "국가의 녹을 먹는 신하가 도리어 초야 인사의 충성심만도 못하다"라고 말하고, 조호익에게 "근왕勤王하는 것이 적을 토벌하는 것만 못하니, 그대는 돌아가서 의병을 불러 모으시오"라고 격려하였다. 이러한 일이 있은 후 조호익은 즉시 강동으로 돌아와 의병을 불러 모았다. 류성룡이 이에 사유를 갖추어 선조에게 아뢰었고, 군기軍器를 도와주었다.

하지만 전세는 쉽게 호전되지 않았다. 6월 15일에 이르러 평양성도 왜군의 수중에 들어가고 말았다. 그리고 선조는 마침내 의주에 행재소를 차릴 수밖에 없게 되었다. 위급한 전세 속에서 조호익은 진용을 갖추어 왜군을 토벌하는 데 앞장섰다. 문인 박대덕, 윤근尹瑾, 김익상金翼商 등이 주동이 되어 장사 500여 명을 끌어모았다. 그리고 매월 초하루와 보름에 군기軍旗를 세우고 진을 친 다음, 행재소가 있는 서쪽을 바라보며 통곡하고는 사배四拜를 올렸는데, 감동하지 않는 군사가 한 사람도 없었다고 한다.

조호익이 의병을 조직하여 활동을 시작할 당시, 왜적들은 평양에 웅거해 있으면서 사방으로 노략질을 서슴지 않고 있었다. 이에 조호익은 군사를 거느리고 평양 외곽 30킬로미터 지점인 평안도의 중화中和와 상원祥原 사이에서 왜적을 습격하여 적의 목을 매우 많이 베었다. 그러자 왜적들이 조호익의 군대를 꺼려하여 허수아비를 만들어 놓고 칼을 허수아비에 꽂으면서 "네가 조 아무개냐?" 라고 말할 정도였다. 이러한 사실을 전해들은 류성룡은 "조호익은 유생으로서 활 쏘고 말 타는 재주를 익힐 겨를이 없었는데도 한갓 충성과 의리로써 군사들의 마음을 격려하였다. 그러므로 많은 승리를 거둔 것이다" 라고 격려하였다.

조호익은 의병들과 숙식을 함께하면서 때로 잠을 잘 때에 옷을 벗지 않았으며, 대삿갓을 쓰고 가죽버선을 신는 등 아래의 군졸들과 똑같이 복색을 갖추었다. 어떤 사람이 관과 가죽신발을 만들어 조호익에게 올리자, 그는 "원수 놈의 왜적이 아직 토멸되지 않았는데, 내가 어찌 이런 물건들을 쓰겠는가?" 라고 말하고 받지 않았다. 한번은 한밤중에 급하게 군영軍營의 부장副將인 편비編裨를 불러 진영을 옮기도록 명령하였다. 그러자 주변 사람들이 모두 지금은 진영을 옮길 때가 아니라고 반대하였다. 그러자 조호익은 "명령을 어기는 자는 참수하겠다" 라고 힘주어 말하고는 진영의 이동을 강행하였다. 진영을 옮긴 지 얼마 뒤에 왜군이 갑작스럽게 군영이 있던 곳을 습격해 왔는데, 우리 군사들은 이미 멀리 떠나간 뒤였다. 군사들이 모두 놀라면서 탄복하지 않을 수 없었다.

조호익은 의병을 이끌고 수차에 걸쳐 왜군을 물리쳤다. 그러나 그는 스스로 이 공로를 조정에 보고하지 않았다. 뒤늦게 이러한 사실을 전해들은 선조는 조호익의 태도를 가상히 여겨 그해 11월 장례원사평掌隷院司評을 제수하였다가 얼마 뒤 형조정랑刑曹正郞을 제수하였다. 그리고 12월에 이르러 통정대부通政大夫로 승진하고 호군護軍을 제수하였다. 얼마 지나지 않아 명나라 장수 제독提督 이여송李如松이 대군大軍을 이끌고 안주安州에 이르자 조호익은 군사를 거느리고 나아가서 영접하는 소임을 다하였다.

이듬해인 1593년(선조 26) 1월부터 조호익은 명나라 군사들과 함께 왜군을 공격하는 데 앞장섰다. 평양성을 공격하는 명나라 장수 낙상지駱尙志, 오유충吳惟忠 등과 더불어 평양성 보통문普通門으로 진격하여 왜군과 격돌, 수많은 왜적의 목을 베는 전공을 세웠다. 명나라 제독 이여송이 대군을 독려하여 우리 군사와 함께 진격하자, 왜군들은 지탱하지 못하고 후퇴하였으며, 이러한 기세를 몰아 조선과 명의 연합군은 북소리와 함께 내성內城으로 진격하였다. 이때 조호익은 명나라 군대와 함께 승세를 이끌며 내성을 공격하였다. 수세에 몰린 왜군들은 성벽의 구멍을 통해 조총鳥銃을 마구 쏘아대며 저항하였다. 이미 승세가 조선과 명의 군대로 쏠리자 이여송은 군대를 철수시켜 성 밖으로 나와 왜군들의 퇴로退路를 열어 주었다. 그러자 조호익은 왜군들이 한밤을 이용하여 도망칠 것을 예측하고 대동강변에 가서 군사를 매복시켰다. 그리고 야음을 틈타 왜군들이 대동강변으로 나오자 그들을 맞아 싸워 전과를 올렸고, 이후 왜군들을 임진강臨津江까지 추격하여 대파하였다. 그러자 명나라 장수 오유충과 낙상지는 다른 사람들에게 다음과 같이 말하였다.

평양의 전투에서 조선의 여러 장수들 중 과감하게 먼저 성에 오르는 자가 없었는데, 조호익만은 우리를 따라 사지死地로 들어갔다. 의기가 몇 배는 충천하였으니, 조호익의 충성스러운 담력은 따를 수가 없다.

평양성 공격에 이어 임진강에서 크게 전공을 세운 조호익은 임해군과 광해군이 함경도에 들어갔다가 적의 포로가 되었다는 소식을 접하자 이내 발길을 함경도로 옮겼다. 영흥永興에 이르러 적장 가토 기요마사(加藤淸正)의 뒤를 밟아 잇달아 싸워 승리하였다. 후퇴하는 왜군을 쫓아 양주에 이르러서는 요로要路에 복병을 설치, 왜적들을 습격하여 대파하였다. 연이어 전과를 올리자 선조는 조호익에게 전지傳旨를 내려 칭찬하였고, 녹비鹿皮 1령令을 하사하였다. 그러고는 다음과 같이 말하였다.

그대가 중화中和에서부터 정성을 다하여 왜적들을 토벌해 평양을 이미 수복하였으며, 곧장 함경도로 달려가 지역을 옮겨 가면서 싸우다가 남쪽으로 내려와 왜적들의 목을 많이 베었으니, 내가 매우 가상하게 여기고 기쁘게 여긴다. 이에 선전관宣傳官을 보내어 녹비 1령을 하사해 그대의 공을 치하하니, 그대는 나의 지극한 뜻을 체득하여 더욱 힘을 다하도록 하라.

왜란 초기의 수세적 국면이 공세로 전환되자, 조호익은 군대를 이끌고 왜군들의 뒤를 밟으며 남으로 내려가 양산梁山에 진을 치며 머물렀다. 연이은 패전으로 인해 당시 왜군들은 퇴각하여 부산釜山에 모여 있으면서 바닷가의 여러 고을을 노략질하고 있었고, 명나라 군대는 양산梁山과 울산蔚山 사이의 여러 고을에 주둔하여 왜적들을 막고 있었다. 조호익도 이러한 전세 속에서 양산에 주둔해 있으면서 경리經理를 응원하였다.

2) 환난 속에서도 관리로 봉직하다

명나라 군대의 활약과 의병의 선전, 그리고 관군의 안정에 따라 전세가 어느 정도 안정기에 접어들자 조호익은 전장의 한가운데에서 물러나게 되었다. 전쟁 중이라 즉시 부임하지 않아 비록 체직遞職되었지만 1593년 6월에 대구부사大邱府使에 제수되기도 하였다. 그리고 그해 7월 관서에서 의병을 모집할 때부터 조호익을 따라 전장을 누비며 활약한 그의 문인 김익상金翼商과 박대덕을 고향으로 전송하였다. 이때는 명나라 장수가 왜군에게 사자使者를 보내 화친을 논의하던 때였고, 이에 따라 전선의 최일선 병영에서는 무리하게 왜적을 공격하지 않고 소극적인 수비만 하였기 때문에, 아끼던 두 제자는 조호익에게 하직 인사를 고하고 고향으로 돌아간 것이었다.

전쟁의 와중에 조호익은 가장 절친한 가족을 떠나보내는 개인적인 수난을 겪게 되었다. 부인 허씨許氏와 셋째 형 생원공生員公 조희익曺希益과 영원한 작별을 하게 된 것이다. 부인 허씨는 조호익을 따라 고향 창녕에서 강동까지 수천 리 길을 함께하며 고생했고, 조호익이 왜군들을 토벌하는 최일선에 나서자 홀로 강동에 남아 있다가 1593년 4월 전염병에 걸려 세상을 떠나고 말았다. 전란 중이라 고향으로 옮겨 장사 지낼 수 없어 강동에서 그대로 장례를 지냈는데, 훗날 조호익의 문인 김육, 이정남李井男, 박대덕 등이 비석을 세워 이러한 사실을 기록하였다. 부인 허씨를 저세상으로 떠나보낸 지 얼마 지나지 않은 그해 11월, 조호익은 셋째 형 생원공을 잃는 슬픔을 맞았다. 당시 생원공은 임진왜란이 발발하자 영천에서 의병을 일으켜 조호익과 더불어 서로 격려하며 성원을 보냈는데, 이때 갑자기 세상을 떠나게 되어 조호익은 더욱 비통함을 느꼈다.

조호익에게는 슬픔이 이어졌지만, 조호익에 대한 조정의 신임은 더욱 두터워만 갔다. 그래서인지 1594년(선조 27) 3월에 이르러 조정에서는 조호익에게 성주목사星州牧使를 제수하기에 이르렀다. 지방의 목민관을 맡아 조호익은 제 몫을 충분히 발휘하였지만, 원수元帥의 미움을 받아 그해 10월 해임되었다. 하지만 조호익이 해임되어 이임하고자 할 때, 성주의 군민軍民들은 조호익을 떠나보낼 수 없다며 길을 막아섰고, 이에 그는 잠시 더 머물며 일을 보다가 틈을 타서 목사직을 버리고 선대의 고향인 영천으로 돌아갔다. 그리고 얼마 지나지 않아 조호익은 처사 신복진愼復振의 따님인 신씨愼氏에게 새로 장가들게 되었다.

1595년(선조 28) 4월에 이르러 조호익에게 군사조직의 근간을 이루었던 오위의 하나인 의흥위부사정義興衛副司正이 제수되었지만, 곧 귀향지인 강동으로 되돌아갔다. 아직 전쟁이 끝나지 않았고, 갑자기 세상을 등진 부인 허씨를 안장할 겨를이 없었기 때문에 가족을 데리고 강동으로 돌아간 것이다. 하지만 강동으로 돌아간 조호익에 대한 임금 선조의 애정은 지속되었다. 조호익에 대한 선조의 애정은 다음 일화에서 확인된다.

> 경연석상에서 선조는 신하들에게 "조호익이 지금 어디에 있는가?"라고 물었다. 이에 예조판서 정곤수가 "신이 지난번에 길에서 그를 만났는데, 그의 가족들이 자주 굶주리므로 도로 관서로 들어간다고 하였습니다"라고 답하였다. 이에 선조는 특명으로 조호익을 안주목사安州牧使에 제수하였다. 그리고 이듬해 선조는 조호익에게 "지금 어사御史 이병李薲이 올린 장계狀啓를 보니, 그대가 지성으로 봉직한다고 하였는바, 매우 가상하다"라고 하유하고 옷의 겉감과 안집 1습襲을 하사하였다.

연이어 관직이 제수되었으나 조호익은 오래 재임하지 못하고 벼슬에서 물러났다. 50대에 접어든 그는 병마에 시달렸고, 이로 인해 오랜 기간 벼슬을 맡지는 못하였던 것이다. 하지만 조호익은 관직을 맡는 동안만큼은 언제나 최선을 다하였다. 일례로 성천부사成川府使에 부임하였을 때, 그가 공물貢物을 바르게 거두고 부역賦役을 줄이며 학교를 일으키고 예악禮樂을 숭상하니 몇 달 사이에 교화가 크게 행해졌고, 이에 대해 당시 지역 사람들은 그를 "신명神明 같다"고 칭송하였다. 이러한 사실은 『성천지지成川地誌』에 실려 현재까지도 전해지고 있다.

병으로 인해 관직에서 물러난 조호익은 평안도 성천成川의 현명산玄明山에 우거하면서 학도들과 경전의 이치를 강론하며 지내고 있었다. 이때 조호익은 고지산 아래에 서원書院을 창건하고자 하는 뜻을 가졌다. 그래서 그는 다음과 같은 내용의 청원을 지어 조정에 올리려고 하였다.

> 서원이 일어난 것은 송宋나라 때에 가장 융성하였는데, 채숙采菽의 교화敎化가 비록 총박叢薄에까지 짖어대는 소리가 남아 있는 화禍를 그치게 할 수는 없었습니다. 그러나 학문의 힘으로 부지한 나머지 애산崖山의 한 귀퉁이는 송나라 300년의 제업帝業을 싣기에 충분하였습니다. 그러니 학문의 흥성과 쇠퇴가 국가의 보존과 멸망에 깊은 관계가 있는 것입니다.

하지만 서원을 세워 주자朱子와 퇴계를 존모하며 제사를 받들려는 그의 뜻은 끝내 현실화되지 못하였다. 그리고 54세에 이르러 안주安州의 삼천촌三阡村으로 이거한 조호익은 이듬해 2월,

평소 앓던 병이 위중해지는 순간을 맞이하게 되었다. 조호익으로서는 병세의 위중함이 자신을 돌아보는 계기로 느껴졌고, 이에 자신이 지은 여러 글에 대한 생각이 오고가게 되었다. 생각이 자신의 글에 미치자, 그는 평소에 지은 여러 글을 모두 불태웠다. 그러면서 다음과 같은 말을 남겼다.

> 경전의 여러 책에 대해서는 주자朱子의 집주集註가 있고, 또 혹문或問 및 장도章圖가 있어서 의리義理가 정밀하고 훈석訓釋이 상세하여 다시 더 보탤 것이 없다. 그러니 다른 사설辭說을 덧붙여서 쓸데없는 것을 덧붙였다는 기롱을 받을 필요가 없다.

이때 책을 불태워 조호익의 저작 중 『역전변해易傳辨解』, 『유석변儒釋辨』 등은 현재까지 전해지지 않고 있다. 하지만 이후 그의 다른 저술은 후세에 문인들과 집안의 후손들이 모아 현재 『지산집』으로 엮어 전해지고 있다. 하지만 이 문집은 조호익의 저술 가운데 극히 일부이기에 애석하다고 하지 않을 수 없다.

3. 영천에서 이룬 학문적 성취

1) 병마 속에서도 나라 걱정으로 밤을 지새우다

전쟁의 참화를 겪으며 병마와 싸우던 조호익은 1599년(선조 32) 3월 정주목사定州牧使에 제수되었다. 하지만 3개월 만에 병으로 사임하고 말았다. 그러자 그해 7월에 다시 부호군副護軍에 제수되었다. 이때 그는 고향에 대한 그리움이 컸고, 이에 따라 유배지였던 강동을 떠나 가족과 함께 선대의 고향으로 돌아왔다. 오래도록 고향에 대한 그리움을 품고 지냈던 조호익은 전쟁의 와중에 의병을 이끌고 전쟁터를 누비느라 고향으로의 귀향을 이룰 수 없었다가 이때에 이르러 비로소 남쪽으로 돌아오게 된 것이다.

고향으로 돌아온 조호익은 먼저 창원의 선영을 고치고 다시 장사를 지내는 일부터 시작하였다. 고향으로 돌아오는 길에 조카인 이함以咸으로부터 왜적들이 선대의 묘소를 파헤쳤다는 소식을 듣고 통곡하다가 기절까지 했던 그는 귀향하자마자 만사를 제쳐 두고 선영으로 달려가 정성을 다하여 산소를 다시 만들고 선조의 묘를 단장하였다. 이 일을 마무리 지은 후 그는 영천의 서쪽 도촌陶村에 자신의 은거지를 잡았다. 이때 선대의 고향으로 돌아온 감정을 다음과 같이 표현하였다.

위태롭던 종사가 막 안정이 되자 宗社危初定
수치 씻은 강과 산은 빛 새롭구나. 山河洗欲新
거연히 무너진 집 한 칸 얻으매 居然得破屋
이내 몸이 살았는 줄 다시 알겠네. 方覺有玆身

영천의 도촌에 은거한 조호익은 학문과 후진 양성에 매진하며 처사적인 삶을 꾸려가고자 하였다. 그동안 소홀히 할 수밖에 없었던 집안의 대소사를 돌보며 산천경계를 찾아 심신을 수양하고자 하였다. 하지만 어려운 시국이었던 만큼 조정에서 맡기는 관직을 사양할 수 없어 잠시 여러 벼슬을 맡기는 하였지만, 이내 사임하고는 영천으로 돌아와 도의로 맺은 주변 인사들과 교유하며 학문적 성취를 하나둘씩 이루어 나갔다.

조호익이 도촌에 정착했다는 소식이 인근에 전해지자 영천을 비롯하여 주변 지역의 유력한 학자들과 조정의 인사들이 앞다투어 그를 찾아왔다. 주왕산周王山에 살던 대암大菴 박성朴惺(1549~1606)의 경우, 일찍이 조호익과 의로 맺은 정의가 깊었는데, 조호익이 도촌에 정착하자 찾아와 심지心志를 지키는 것과 진퇴하는 것 등 의리에 대해 서로 강론하였다. 이 밖에도 지역의 문인 학자들과 인근의 선비들이 줄을 이어 조호익의 처소를 방문하였다.

당시 체찰사體察使의 소임을 맡고 있던 이원익李元翼(1547~1634)도 조호익을 찾았고, 이 만남이 있은 지 얼마 지나지 않아 이원익은 조호익에게 소모관의 소임을 맡겼다. 왜적이 겨우 물러가기는 하였지만 바닷가의 고을은 거덜 나고 텅 비어 백성들을 불러 모으는 소모관의 임무를 조호익이 아니면 해낼 수 없다고 판단한 이원익이 억지로 그 직임을 조호익에게 떠맡긴 것이었다. 조호익은 의리상 사양할 수 없어 울산蔚山에 진영陣營을 설치하고 군민軍民을 모집하는 일에 착수하였고, 얼마 지나지 않아 성공적으로 역할을 수행한 후 다시 영천으로 돌아왔다.

시국이 어수선하였던 만큼 조호익의 머릿속에는 조선의 장래에 대한 걱정이 가득했다. 더구나 북쪽의 오랑캐들이 국경 200리 부근에서 군사와 말을 많이 모으고 있다는 소식을 접하고는 지체 없이 전란에서 의병장 역할을 수행했던 강동의 제자 김현金鉉과 박대덕에게 다음과 같은 편지를 보내어 의병을 규합할 것을 권유하였다.

> 예로부터 남쪽에 변란이 있으면 반드시 북쪽에서 걱정거리가 생기는 법이다. 여진女眞 사람들은 활을 쏘면서 사냥하기를 일삼아 말을 타고 산비탈을 달리기를 평지에서 달리는 것처럼 한다고 한다. 그러니 모름지기 지형이 험한 곳에 성채를 쌓아 대비하여야만 보전할 수 있을 것이다.

조호익 생전에는 북쪽 오랑캐의 침략이 없었다. 하지만 그가 세상을 떠난 지 채 20년도 되지 않아 정묘호란丁卯胡亂(1627)이 발발하였고, 이후 병자호란丙子胡亂(1636)이 연이어 일어나자 그의 선견지명은 여실히 증명되었다.

조호익은 임진왜란 당시 자신이 펼쳤던 의병활동에 대해 자부심이 컸으며, 특히 퇴계문하에서 함께 공부했던 다른 의병장에 대해서도 깊은 애정과 관심을 기울였다. 그래서 그는 임진왜란 당시 경상우도순찰사로서 왜군에 대한 항전을 독려하다 병으로 순국한 학봉鶴峯 김성일金誠一(1538~1593)을 위하여 진주의 사림들이 촉석루 곁에 사우祠宇를 세우려고 하자, 체찰사 이원익에게 편지를 보내 김성일의 우국충절을 강조하고, 조정에 돌아가 아래와 같이 계문啓聞하도록 권면하였다.

학봉의 정충精忠과 대절大節은 노비들조차도 모두 그의 성대한 덕을 칭송하고 있습니다. 그런데 이른바 사류士流라는 자들이 그가 살아 있을 적에는 살해해서 죽이려고 하였고, 그가 죽어서는 사적을 엄폐시켜 없애려고 하니, 참으로 괴이한 일입니다. 그러나 촉석루의 돌이 무너지지 않고 남강南江의 물이 끊어지지 않는 한, 학봉의 훌륭한 발자취는 만고토록 영원히 남아 있을 것인바, 사당을 세우고 안 세우고가 학봉의 사적에 무슨 관계가 있겠습니까? 유독 애석한 것은, 조정에서 증질增秩하고 사제賜祭하는 은전恩典이 아직 미치지 않은 것입니다. 이에 구천九泉을 떠도는 충혼忠魂을 위로하지 못하고, 지난날의 공훈을 갚지 못하게 되었을 뿐만 아니라, 또한 무엇으로써 어지러운 세상에 인심人心을 격려하고, 후대에 의사義士를 권면하겠습니까? 나라를 위하여 계획을 세우는 사람이 여기에서 실책하게 되었습니다. 원컨대 상공께서는 조정에 돌아가는 날 임금께 한번 진술해 주시기를 바랍니다. 저 호익이 김성일에게 사사로운 정이 있어서 이러는 것이 아니라, 공의公義가 격동하는 바에 스스로 그만둘 수가 없어서 이러는 것입니다. 삼가 상공께서 살펴 주시기 바랍니다.

2) 은거 후 뚜렷한 학문적 성취를 이루다

1602년(선조 35)에 이르러 조정에서는 조호익을 경서언해교정청經書諺解校正廳의 당상관堂上官에 제수하고 재촉해 불렀다. 하지만 조호익은 병으로 사임하고 부임하지 않았다. 비록 교정청 당상관의 소명에는 나아가지 않았지만, 그는 스스로 『주역』의 전傳과 본의本義로써 단彖과 상象에 대해 연구하고 이를 『주역석해周易釋解』 5권으로 구체화하였다. 옛날부터 전해 내려오는 『주역』에 대한 한글 해석을 경전의 글과 비교하여 정밀하게 검토하고, 구두句讀와 지의旨義의 차이를 정리한 것이다.

도촌에 머물면서 제자들과 함께 산천경계를 유람하며 학문에 정진하던 조호익은 1603년(선조 36)에 이르러 지산촌芝山村으로 이사하였다. 지산촌은 영천 관아에서 남쪽으로 30리 되는 오지산五芝山 아래에 위치한 곳으로, 숲과 시내의 경치가 매우 좋았다. 조호익은 처음 정착한 도촌이 길과 가까워 조금은 시끄럽고 어수선하자 조용한 지역으로 옮겨 살려는 뜻을 진작부터 가지고 있었고, 이때에 이르러 지산촌에 터를 잡아 집을 짓기 시작하여 이거를 한 것이다.

『지산집』의 「연보」에 따르면, 조호익은 새로 집을 지은 후에, 당堂을 '졸수당拙修堂', 서재를 '완여재翫餘齋', 정자를 '망회정忘懷亭'이라고 편액扁額하였다. 못을 파 물을 모으고는 '도화담

桃花潭' 이라 불렀으며, 못가에 복숭아나무를 심어 수면에 은은히 비치게 하였다. 못 가운데에 있는 대臺를 '지어대知魚臺' 라고 불렀다. 그러고는 제자 문인들에게 달밤에 배를 띄우고 퇴계의 「도산십이곡陶山十二曲」을 부르도록 하였다. 서재 좌우의 벽에는 그림과 글씨를 갖춰 놓고 도를 즐기면서 여유롭고 한가롭게 지내기도 하였다.

지산촌에 온전한 거처가 마련되자 주변의 문인들이 하나둘 그를 찾았다. 일찍이 동계桐溪 정온鄭蘊이 조호익의 거처인 졸수당과 망회정을 찾았을 때, 조호익이 산수의 경치를 구경하며 소요하면서도 손에서 책을 놓지 않고 독실하게 학문에 정진하는 것을 보게 되었다. 조호익의 평소 모습을 목격한 정온은 크게 감복하여 다음과 같은 말을 남겼다.

> 일생 동안의 정신과 안목이 하루라도 성현의 글에 있지 않은 적이 없었다. 그러니 흩어진 마음을 수습하지 못할까 무엇을 근심하겠으며, 사사로운 욕심이 어디로부터 그 사이에 침투하였겠는가? 이 때문에 심신心身과 내외內外가 다듬어지고 닦이지 않음이 없었고, 동정動靜과 어묵語默이 혹시라도 법도에 어긋남이 없었다.

높은 인격과 학문을 갖추었던 조호익이 이거하자 당시 영천

『지산선생필적』(한국국학진흥원 촬영, 문간공종중 제공)

의 수령이었던 황여일黃汝一(1556~?)은 거룻배를 만들어 도화담의 경치를 구경하며 유람하는 데 쓰도록 하였다. 그리고 지산촌의 거처가 어느 정도 자리가 잡히자 조호익은 지산촌 뒤의 산골짜기에 있는 오래된 사찰을 수리하였다. 조호익은 전쟁을 거치면서 기와집 몇 칸만 남아 있던 허물어진 절을 발견하고는 주변 골짜기가 그윽하고 깊숙하여 세상을 피해 숨어 사는 사람이 기거하기에 적합한 곳이라고 여겨 몇 사람을 구해 수리하고 이름을 '영지암靈芝菴'이라고 고쳐 지었다.

안정적인 거처가 마련된 후, 조호익은 학문에 정진하며 문인들을 길러 내는 데 정성을 기울였다. 그리고 당시 명망 높은 인사들과 교유하며 자신의 학문적 성취를 공유하였다. 임진왜란 당시 영천의 의병장으로 이름이 높았던 호수湖叟 정세아鄭世雅(1535~1612)가 조호익을 찾아 도를 논하고 옛일을 이야기하며 함께 산수를 즐겼고, 오랜 벗인 한강寒岡 정구鄭逑는 자신의 아들 정장鄭樟(1569~1614)을 보내어 글을 배우게 하였다. 한음漢陰 이덕형李德馨(1561~1613), 우복愚伏 정경세鄭經世(1563~1633) 등 당대 최고의 관료와 학자들이 잇달아 조호익에게 편지를 보내었고, 조호익은 이에 답서를 보내는 등 우의를 다졌다.

아울러 조호익은 당시 인동을 중심으로 낙중지역에서 높은 학문적 성취를 이루고 있었던 여헌旅軒 장현광張顯光(1554~1637)과의 교유도 본격화하였다. 장현광은 조호익을 찾아 서로 안부를 묻고, 심지어는 문하의 문인들까지 대동하여 조호익과 함께 며칠 동안 『심경心經』, 『근사록近思錄』 등을 강론하기도 하였다. 이러한 인연으로 훗날 여헌은 조호익의 행장行狀을 저술하였다.

영천을 중심으로 조호익의 학문적 명망이 높아지자 지역의 젊고 유망한 선비들이 그의 문하로 운집하였다. 영천 수령으로 부임한 간정艮庭 이유홍李惟弘(1567~1619)은 동생인 사천沙川 이유성李惟聖과 함께 조호익의 문하에 와서 배우기를 청하여 『주역』을 배웠고, 정사상鄭四象을 위시한 영천의 선비들이 그의 문하에서 학문적 성취를 이루어 나갔다.

지산촌에 정착한 후 조호익은 자신의 학설을 차분히 정리하고 그것을 저술로 남기기 시작하였다. 조호익의 학문적 관심은 특정한 분야에 한정되지 않았다. 성리학의 근간을 이루는 여러 경전에 대한 해박한 이해를 바탕으로 그는 다양한 방면에까지 학문적 성취를 정리하기 시작하였다. 특히 그는 자연과 인간사회를 관통하는 근원적 성찰이 담긴 『주역』에 대한 해박한 이해를 제시하였을 뿐만 아니라 예학禮學 방면에서도 두드러진 성취를 이루었다. 그리고 현실과 유리된 공허한 학문 세계에만 침잠하기보다는 실질적인 학문을 추구하였다.

이러한 조호익의 성취 가운데 눈에 띄는 것은 그의 나이 59세 때 완성된 『제서질의諸書質疑』이다. 『성리대전性理大全』 가운데 「태극도太極圖」를 비롯하여 『통서通書』, 「서명西銘」, 『정몽正蒙』, 『역학계몽易學啓蒙』, 『율려신서律呂新書』 등에서 의문 나는 부분에 대해 자신의 견해를 구체적으로 제시하고, 『주자대전朱子大全』, 『리학통록理學通錄』 등에 대해서도 독창적인 견해를 제시한 『제서질의』는 그의 성리학적 입장이 구체화된 저술로 오늘날에도 높게 평가받고 있다.

조호익은 1604년(선조 37)에 이르러 이전부터 계속되었던 『주

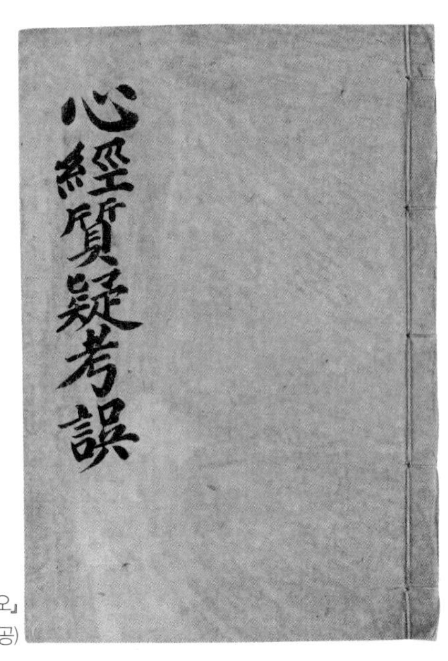

『심경질의고오』
(한국국학진흥원 촬영, 문간공종중 제공)

역』에 대한 자신의 학문적 관심을 어느 정도 마무리하였다. 퇴계학은 물론이고 조선 성리학의 특징으로 손꼽히는 『심경心經』에 대한 구체적인 성취도 이때 이루어졌다. 조호익은 『심경질의心經質疑』가 비록 스승인 퇴계의 강의 내용을 기록한 것이지만, 문하 여러 학자의 충분한 검토를 거치지 않아 기록하는 과정에서의 잘못을 시정하지 않았다고 판단하였다. 그래서 그는 문하의 제자들에게 『심경』을 강습하면서 의심나는 부분을 바로잡았다가 62세에 이르러 『심경질의고오心經質疑考誤』라는 책으로 구체화하였다.

나이가 들고 병으로 인해 몸이 불편함에도 불구하고 조호익은 계속하여 자신의 학문적 성취를 이루어 갔다. 관서의 제자인 김현이 『대학』 가운데 의심스러운 부분을 기록해 달라고 요청하여 집필한 『대학동자문답大學童子問答』을 비롯하여, 완전히 마무리 짓지는 못하였지만 리기에 대한 자신의 견해를 밝힌 「리기변理氣辨」, 『논어집주보유論語輯註補遺』 등을 사망하던 해(1609) 여름까지 저술하였다. 조호익의 대표적인 저술 중 하나인 『가례고증家禮考證』 또한 이때 집필된 것이었다.

조호익의 학문적 성취는 그가 오랜 기간 유배와 전란이라는 미증유의 혼란 속에서도 가슴속에 품었던 학문적 열정이 구체화된 것이었다. 조호익의 명망과 전란에서의 성취를 알고 있었던 조정에서 수차례 관직을 제수하였지만, 그는 병을 이유로 들어 관직을 사양하였고, 바깥출입도 끊고 덕을 기르면서 시종일관 학문에 매진하였다. 그리고 선배 학자들의 유지를 받들고, 자신의 학문을 하나둘씩 성취하며 후학 양성에 매진하여 영천은 물론, 영남 유학을 대표하는 대유학자로서 자신의 위상을 굳건히 만들어 나갔다.

3) 학문과 충절을 갖춘 학자로 기억되다

학문과 충절로 일관한 조호익은 유배에서 풀려난 이후 크고 작은 관직을 제수 받아 그 소임을 다하였다. 종육품의 품계에 해당하는 의금부도사義禁府都事를 위시하여 장례원평사掌隷院評事, 형조정랑刑曹正郎, 호군護軍, 대구부사, 성주목사 등의 관직이 전란 중에 제수되었고, 영천으로 은거한 후에도 교정청당상, 선산부사, 남원부사 등이 잇달아 제수되었다. 하지만 조호익이 실제로 관직에 봉직한 기간은 채 4년이 되지 않을 정도로 길지 않았다. 그만큼 조호익의 지향은 세속적인 권세나 명리名利가 아니라 학문과 충절에 있었던 것이다.

학문과 충절로 일관한 조호익은 개인적으로는 불우한 삶을 영위하였다. 무고로 인해 타지에서 10여 년이 넘는 유배생활을 해야 했고, 피비린내 나는 전쟁터를 누비며 어려움을 겪어야 했던 굴곡진 조호익의 삶은 평탄했다고 할 수 없다. 더구나 조호익은 유배지에서의 고초를 함께했던 정부인 허씨가 사망한 후 신씨를 새 부인으로 맞이하였지만, 슬하에 대를 이을 자식을 두지 못하였다.

파란만장한 삶을 영위하면서 가족을 제대로 돌보지 못한 조호익은 62세에 이르러 셋째 형인 생원공의 셋째 아들 이수以需를 후사後嗣로 맞이하였다. 대를 끊을 수 없었던 조호익은 이 사실을 백사白沙 이항복李恒福에게 편지를 보내어 알렸고, 예조禮曹에 서류를 올려 승인을 받았다. 이후 조호익의 후사가 된 이수는 조호익과 절친했던 대암 박성이 사망하자 조호익의 명을 받아 만장挽

章을 가지고 가서 조문하는 등 조호익을 대신하여 대소사를 감당하였다.

말년에 이르러 가족을 돌보며 학문에 정진하던 조호익은 관서의 강동과 한양, 그리고 인근 지역의 문인들을 길러 내는 데에 온 정성을 기울였다. 영천의 문인인 정사진鄭四震이 예설에 대해 질문하는 것에 대해 일일이 답변해 주었고, 복재復齋 정담鄭湛이 제례祭禮에 관하여 논한 편지를 보내오자 상세히 그에 대한 답을 적어 보내 주기도 하였으며, 「태극도설太極圖說」과 「경재잠敬齋箴」에 대한 임흘任屹의 문목問目에 대해서도 답해 주었다.

조호익의 정성스러운 훈도가 이어지자 조경曺璚, 정사상鄭四象, 정장鄭樟, 이의혼李宜渾, 이의잠李宜潛, 박돈朴暾, 김취려金就礪 등 영천지역의 여러 문인들은 서로 모의하여 망회정忘懷亭 곁에 서재書齋를 건립하였다. 한양에 사는 문인인 김육, 이유성李惟聖 등은 조호익을 한양으로 모셔 가 강론하고 질정하였으며, 조호익이 한양을 떠나 영천으로 되돌아갈 때에는 모두 한강 나루까지 나와 전송하였을 정도로 존경을 표하였다.

1608년(선조 41) 2월 선조가 승하하자 조호익은 선조가 자신을 알아주고 대우해 준 은혜에 감격하여 매월 초하루와 보름이면 단壇을 설치해 놓고 북쪽을 향하여 사배四拜를 올린 다음 곡하여 슬픔을 다하였다. 그리고 6월에 이르러 병을 무릅쓰고 선조의 인산因山에 달려갔다. 2월부터 소식素食을 하여 몸이 극도로 쇠약해졌음에도 불구하고 조호익은 더위를 무릅쓰고 천리 먼 길을 떠났다가 마침내 병이 깊어졌다. 그리고 이듬해(1609) 8월 18일 망회정忘懷亭에서 죽음을 맞이하였다.

사망할 무렵 조호익은 주변 사람에게 자신을 부축하여 앉히도록 하고는 책상 위에 있는 『주자대전朱子大全』을 가져오게 한 후, 한참 동안 뒤적이다가 다음과 같은 말을 남겼다고 전한다.

> 이 책이 틀림없이 이 늙은이가 없는 것을 유감으로 여길 것이다.

파란만장한 영욕의 삶을 이어 오면서도 학문에 대해 끊임없는 열정을 쏟아 부은 조호익은 이렇게 세상과 이별을 고하였다. 그리고 그해 12월 25일 영천군 남쪽 송청산松青山 터에 묻혔다. 이때 한양과 강동의 제자인 김육과 박대덕이 달려와 다른 문인들과 함께 장례 지내는 일을 보살폈으며, 영천을 위시한 영남의 사림들도 모두 모여 조호익의 가는 길을 전송했다.

조호익이 사망한 지 3년이 지난 후 영천군수 오여벌吳汝橃(1579~1635)이 온 고을의 사림들과 의논을 모아 묘우廟宇를 서재 뒤에다 건립하고, 서재를 강당講堂으로 만들었다. 1613년(광해군 5)에 영남 사림들이 일제히 모여 성대한 의식을 거행하고 위판을 봉안하여 '지봉서원芝峯書院'이라 이름 붙였다. 42년 뒤인 1653년

(효종 4)에 묘우를 개상동塏爽洞으로 옮겨 세웠다가, 1673년(현종 14)에 다시 옛터로 옮겼다.

한편, 1624년(인조 2)에 이르러 문인인 박돈朴暾 등이 상소를 올려 조호익을 표창하고 증직하기를 청하였다. 이때 우복愚伏 정경세鄭經世가 경연經筵에 입시入侍하여 "조호익에게 증직을 더해 주어 남방 사림들의 소망을 위로하는 것이 마땅합니다"라고 아뢰었고, 조정의 중신들 역시 이에 찬동하여 조호익에게 '가선대부嘉善大夫 이조참판吏曹參判 겸 동지의금부사同知義禁府事'가 증직되었다.

1635년(인조 13)에는 관서의 사림들이 의논을 모아 조호익을 '학령서원鶴翎書院'에 봉향奉享하였다. 학령鶴翎에는 전란을 거치면서 서당이 불타 없어졌는데, 이 무렵 성천부사成川府使 김언金琂(1588~1637)이 고을의 사림들과 함께 모의하여 서원을 건립한 후, 조호익과 한강寒岡 정구鄭逑를 함께 제향하였다. 이 서원은 1660년(현종 1)에 이르러 관서의 문인인 박대덕 등이 상소를 올려 편액을 내려 주기를 요청하여 편액扁額이 하사되고, 또 경서經書가 하사되었다. 당시에 관서로 있던 김육이 경연에 입시하여 관서지역에서의 조호익의 공로를 진달하였고, 임금인 현종은 편액은 물론, 예조에 명하여 사서四書와 이경二經을 내려 주도록 조치를 한 것이다.

1642년(인조 20)에 이르러 망회정 동쪽에 신도비神道碑를 세웠

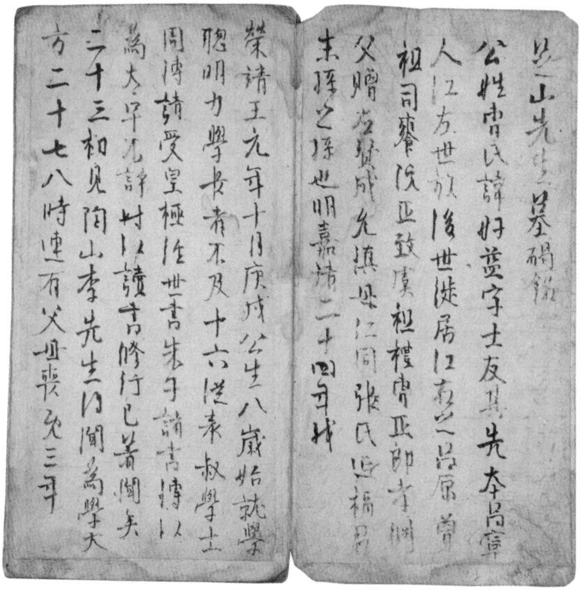

지산 묘갈(한국국학진흥원 촬영, 문간공종중 제공)

으며, 1624년(인조 24)에 조호익의 애제자인 김육에 의해 행장行狀이 완성되었다. 이전에 여헌이 행장을 작성하였지만, 보다 완비된 행장을 마련하기 위해 김육이 다시 행장을 작성한 것이었다.

1678년(숙종 4)에 '도잠서원道岑書院'의 편액이 하사되었다. 당초 지봉서원芝峯書院이었던 이 서원은 당시 유생 정시간鄭時衎 등이 상소를 올려 편액을 내려 주기를 청하자, 숙종이 도잠서원이란 편액을 내려 주었고, 예관禮官 이상제李尙悌를 보내어 서원에 사제賜祭하였다. 사제문賜祭文 가운데 임금인 숙종이 "내가 깊이 사모하는 뜻을 부친다"라는 하교가 있었기 때문에 병와 이형상이 사우의 이름을 '성모묘聖慕廟'라고 지었다.

1681년(숙종 7)에 미수眉叟 허목許穆에 의해 묘갈명墓碣銘이 완성되었으며, 1727년(영조 5)에는 조호익의 문집인 『지산집』이 간행되었다. 1642년 정온이 지은 신도비명에는 문집에 관한 내용이 없다가 1646년 김육이 지은 행장과 허목이 지은 묘갈명에 "시문집 2권을 저술했다"라는 내용이 있는 것으로 미루어 보아 1646년 이전에 이미 2권 분량의 시문집이 편찬되었던 것으로 여겨지지만, 공식적인 문집 간행은 이때 이루어진 것이다. 그리고 1779년(영조 57)에 『지산집속집芝山集續集』과 『대학동자문답』이 간행되었다.

한편, 1663년(현종 4)에 영남 유생들이 상소를 올려 조호익에게 시호諡號를 내려 줄 것을 청하였지만, 당시 임금은 윤허하지 않았다. 이때 유생 배행구裵行矩 등이 상소한 내용에 대해 『현종개수실록』의 4년 12월 30일조에는 다음과 같이 기록하고 있다.

증 이조참판 조호익은 영천군에 살던 사람으로 어려서부터 이황의 문하에 왕래하면서 열심히 학문을 닦느라고 침식을 잊을 정도였으며, 특히 역상易象과 사례四禮에 학식이 깊어 옛날 성인들의 미묘한 말씀을 빛내고 길 잃은 후학들에게 가르쳐 주는 면이 많이 있습니다. 나중에 죄 아닌 죄로 강동江東에 귀양

가게 되었지만 임진년의 난리 때 선묘께서 서쪽으로 피난하여 행재소行在所로 오라고 부르자, 호익은 근방의 여러 읍에서 병력을 모집하였으며, 삭망朔望 때마다 깃발을 세우고 진陣을 벌린 채 서쪽을 향해 통곡하곤 하니, 보는 사람들은 예외 없이 감동하였습니다.…… 인조仁祖께서 반정하신 뒤 이조참판에 증직하도록 명했고, 그 뒤에 관서의 선비들이 사당을 세워 제사하고 있으며, 고故 상신 류성룡柳成龍은 일찍이 그의 충성에 감복하여 언제나 "호익은 유사儒士로 무술을 익히지 않았는데도 오히려 충의로써 선비들의 마음을 격려하였기 때문에 싸움에 이긴 일이 많았다"라고 말하곤 하였고, 고故 부제학 이준李埈도 일찍이 호익의 충성이 두텁고 지조와 행실이 알찬 점을 칭찬하면서 안팎이 일치하여 언제 어디서나 한결같다고 하였습니다. 숭질崇秩을 증직하고 시호를 내리소서.

그러나 예조가 조호익은 정말 독학한 공부와 순국하려는 성의가 있었으니 포숭褒崇하는 것이 마땅하지만, 증직과 시호를 내리는 일은 중대하므로 쉽게 허락하기에는 곤란한 점이 있다고 하였고, 이에 현종은 그 뜻을 따랐다고 기록되어 있다.

이러한 일이 있은 이후 1862년(철종 13)에 이르러 영남 유생들이 뜻을 모아 다시 시호를 내려줄 것을 청하였고, 그해 조호익에게 '자헌대부資憲大夫 이조판서吏曹判書 겸 지의금부사知義禁府事

오위도총부도총관五衛都摠府都摠管 성균관좨주成均館祭酒' 가 증직되고, 이듬해인 1863년 10월 '정간貞簡' 이라는 시호가 내려졌다. 정간은 '청렴결백하여 자신의 지조를 지킨 것' (淸白自守)이라는 '정貞' 과 '정직하여 간사함이 없는 것' (正直無邪)이라는 '간簡' 이 묶인 시호였다.

하지만 '정간' 이라는 시호가 실제의 덕행에 걸맞지 않다는 조정의 논의가 제기되자, 이듬해인 1864년 7월에 당초 시호 정간을 '문간文簡' 으로 고쳐서 내렸다. 문간의 '문' 은 '도덕이 깊고 학문이 넓은 것' (道德博聞)이라는 의미이고, '간' 은 '정직하여 간사함이 없는 것' 이라는 의미였다. 이때의 시장諡狀은 영의정을 거쳐 영돈녕부사에 이른 당대의 세도가 김병학金炳學(1821~1879)이 작성하였다.

4. 조선 성리학의 영역을 확장한 조호익의 학문

1) 퇴계학의 계승과 수호에 앞장서다

퇴계의 말년 제자인 조호익은 일찍부터 퇴계를 흠모하는 마음이 깊었다. 조호익이 퇴계를 따르고자 한 것은 단순히 퇴계가 학문적 명망이 높았기 때문만은 아니었다. 그는 26세 때 퇴계를 잃었을 때 「퇴계선생행록」을 지어 퇴계의 숭고한 인품에 대해 다음과 같이 표현하였다.

> 퇴계선생께서는 타고나신 자품資稟이 순수하고 따스하기가 정금精金이나 미옥美玉과 같았다. 일찍이 곁에서 모시고 앉아

있으면서 보니, 온화한 기운이 사람을 엄습하였는바, 생각건대 정명도程明道라야 이와 같을 듯하다.

조호익은 퇴계에게서 선현 가운데 학문이 높았던 주자나 정이천程伊川이 아니라 덕으로 정평이 나 있었던 정명도를 발견하였다. 그래서 그는 퇴계의 학문적 성취 과정에 대해 "17~18세 때 이미 대의大意를 보고는 문득 성현聖賢과 같게 되기를 기약하여, 널리 배우고 힘써 행하는 것으로써 확충시켜 나아갔다"라고 정리하고, "말년에 이르러서는 도道가 이루어지고 덕德이 수립되었는바, 혼연渾然하여 흔적이 드러나지 않았다"라고 평가하였다.

이와 같이 조호익이 퇴계에게서 주목한 것은 인품 그 자체였다. 그래서 그는 한걸음 나아가 "퇴계선생께서는 참으로 능하면서도 능하지 못한 사람에게 묻고, 학식이 많으면서도 적은 사람에게 물었으며, 있으면서도 없는 것처럼 여기고, 꽉 차 있으면서도 텅 빈 것 같이 여기었으며, 자신에게 잘못을 범하여도 따지지 않는 분"이라고 확인하였다. 이 언급은 증자曾子가 안회顔回를 가리켜 칭송한 『논어』의 글귀를 인용한 것으로, 조호익은 퇴계가 이룬 탁월한 학문적 성취의 근저에 뛰어난 덕행으로 이름 높은 공문孔門의 고제 안회와 같은 덕행이 자리한다고 본 것이다. 그래서 조호익은 "근래에 제공諸公들이 퇴계선생을 칭하여 모두들 주자朱子를 배웠다고 말하고 있는데, 사실은 먼저 안자顔子를 배웠는바, 그 자품資稟이 대개 서로 비슷하였다"라고 확신하였다.

조호익은 중국과 조선을 통틀어 유학의 유일한 계승자로 퇴계를 지목하고, 퇴계에 대한 비판적 논평에 대해 변론을 제기하였다. 당시 일각에서는 퇴계를 두고 경세에 대한 관심이 상대적으로 미약했다고 지적하였는데, 이에 대해 "퇴계선생께서는 초년에 우리나라를 요순堯舜시대의 임금과 백성으로 만들려는 뜻을 품었지만, 얼마 뒤에는 시대가 그렇게 할 수 없는 시대라는 것을 알고는, 자신의 뜻을 펴지 않은 채 숨기었다. 그러나 뜻이 나약하여 일을 하는 데에 게을렀던 것은 아니다"라고 하여 퇴계가 가졌던 경세적 포부를 당당히 제시하였다. 그리고 기대승, 남명南冥 조식曺植(1501~1572), 이이 등이 제기한 퇴계의 출처에 대해 다음과 같이 반박하였다.

> 정묘년(1567, 명종 22) 8월에 결연히 조정에서 물러나 시골로 돌아왔으니, 이는 평생 출처의 대절大節이었다. 기명언奇明彦(기대승)은 대현大賢을 알아볼 수 있는 지혜를 지녔는데도 시의時議가 분분한 데 대해서 의혹이 없을 수 없어서 편지를 보내어 힐난하기까지 하였으니, 사람을 알아보기가 쉽지 않다는 말이 참으로 미더운 말이다. 그리고 퇴계선생께서는 일찍이 조정에 반드시 나아가려는 뜻이 없었다. 그런데도 조남명曺南冥(조식)은 선생이 진출하기를 구한다고 의심하였다. 선생께서는 또한

> 반드시 숨어 있는 데에만 뜻을 둔 적이 없었다. 그런데도 이숙헌李叔獻(이이)은 선생이 종내 물러나 있으려고만 한다고 혐의하였으니, 탄식을 금치 못하겠다.

퇴계의 출처가 중용의 태도로 일관했다고 평가한 조호익은 퇴계 사후 퇴계학의 수호를 자신의 책무로 여겼다. 그리고 관서지역에서 17년간 유배생활을 하면서 퇴계학을 이식하고 뿌리내리는 데 앞장섰다. 특히 그는 말년에 이르러 화담 서경덕의 학설과 남명 조식의 퇴계에 대한 비판적 평론에 대한 비판을 가하면서 퇴계학의 정통성을 확인하였다.

조호익이 퇴계학에서 주목한 것은 리 중심의 세계 인식이었다. 그는 퇴계학파의 일원으로 퇴계학의 정통성을 확립하기 위해 59세에 이르러 서경덕의 「귀신사생론鬼神死生論」에 대해 정자程子와 주자朱子의 학설을 인용하여 분변한 「제서화담귀신사생론후題徐花潭鬼神死生論後」를 저술하여 비판을 가하였다. 그는 "기氣의 담일淡一하고 청허淸虛한 것은 이미 그 처음도 없고 또 그 끝도 없다. 이는 리理와 기의 극히 묘한 곳이다. 비록 한 조각 향촉香燭의 기라고 하더라도 그것이 눈앞에서 흩어지는 것은 보이지만, 그 남은 기는 끝내 흩어지지 않는다. 그러니 어찌 다 없어진다고 이를 수가 있겠는가?"라고 주장한 서경덕의 논의가 장재張載의 학설에서 비롯되었다고 전제하고, 이 주장은 이미 정이천이 "천지의 조화는 자연 끊임없이 나서 끝나지가 않는다. 다시 어찌 이미 죽어 문드러진 형체와 이미 돌아간 기에 의지하여 조화함이 있겠는가?"라고 하여 잘못된 것임을 힘껏 비판하였음을 확인하였다. 특히 그는 송대 여러 학자들의 비판적인 언급을 예로 들면서 "잘 이해할 수가 없으며, 향촉의 설에 이르러서는 더욱더 의심스러운 바가 있다. 사람이 이미 죽었을 경우에는 정혼精魂이 이미 흩어진다. 그러니 마른 뼈와 말라 버린 골수를 비록 불태워 없애지 않는다고 하더라도 무슨 기백이 있어서 흩어지지 않을 수 있겠는가?"라고 반문하였다.

한편, 조호익은 조식이 을묘년 사직소辭職疏를 통해 "불교에서 말하는 진정眞定이란 것도 다만 이 마음을 간직하는 데에 달려 있을 뿐이니, 위로 하늘의 이치에 통하는 것은 유교나 불교나 마찬가지"라는 언급에 대해 정이천과 주자의 언급을 빌려 조목조목 비판을 가하였다. 조호익은 조식의 언급이 불교를 옹호하는 것으로 비쳐질 수 있다는 점에 주목하여 "석씨가 비록 상달하는 공부가 있다고는 하지만, 단지 냉냉하고 쇄쇄하여 한 점의 티끌도 붙지 않은 것을 보고서 거울과 같다고 한다면 아름다움과 더러움이 분명치 않게 되고, 물과 같다고 여긴다면 다반사로 성性을 잃게 된다"라고 지적하고, 불교가 "어찌 담연湛然하고 허명虛明한 가운데에 모든 이치가 반드시 갖추어져서 동할 적마다 반드시 절도에 맞는 우리 유학儒學만 하겠는가?"라고 강조하였다.

나아가 조호익은 조식이 「관서문답변關西問答辨」을 통해 퇴계로부터 높은 평가를 받았던 회재晦齋 이언적李彦迪을 비난하고 배척한 내용을 보고 「제남명관서문답변후題南冥關西問答辨後」라는 비판적 평론을 작성하였다. 조호익은 이언적의 이단 배척의 공을 맹자와 비견하고, 동방 리학理學의 정통성이 포은圃隱으로부터 한훤당寒暄堂 김굉필金宏弼, 일두一蠹 정여창鄭汝昌, 정암靜庵 조광조趙光祖로 이어져 왔지만, 그 학문적 내용은 퇴계와 더불어 회재에 이르러 이룩되었다고 지적하였다. 그만큼 조호익은 리를 중심으로 한 퇴계학의 지향과 중심 내용을 계승하여 퇴계학파의 학문적 정통성을 수호하고자 한 것이다.

2) 가례 연구를 통해 예학 발전을 선도하다

조호익은 퇴계를 통해 본격적으로 학문의 길에 접어든 이후 유학의 여러 방면에 대해 학문적 관심을 기울였다. 그 가운데 조호익이 특히 관심을 가진 분야 중 하나는 예학이었다.

조호익이 언제부터 예학에 관심을 가졌는지는 분명하지 않지만, 20대 후반 연이어 부친상과 모친상을 당하면서부터가 아닌가 추측되고 있다. 부모의 상을 연달아 당하는 변례變禮에 직면하게 되자 조호익은 당시 통용되던 『주자가례朱子家禮』만으로는 해결할 수 없음을 인지하고 다른 여러 학자들의 예서를 참고하였고, 이를 통해 무사히 상례를 치렀다. 이러한 점을 미루어 보아 이때부터 조호익이 본격적으로 예학에 관심을 가졌던 것으로 추측되고 있다.

아울러 강동 유배생활도 조호익이 본격적으로 예학에 관심을 기울이게 된 계기가 되었으리라 짐작하게 한다. 비록 장자長子는 아니었지만 조호익은 조상에 대한 제례에 깊은 관심을 기울였고, 그 결과 다양한 방식을 통해 제례 문제를 해결하였다. 그리고 고례古禮를 알지 못하는 강동 지역민을 위해 향음주례를 베풀고, 심의를 몸소 제작했던 사실 등에서 그가 강동 유배생활 중에 기울였던 예에 대한 관심을 짐작할 수 있다.

젊은 시절 자신이 당한 변례의 상황과 유배생활에서의 경험을 바탕으로 조호익은 유배생활 말년인 1587년에 이르러 본격적으로 『주자가례』에 대한 연구를 시작하였다. 『주자가례』를 읽고 의심나는 뜻을 고증하는 일에 본격적으로 착수한 것이다. 이때 그는 『주자가례』의 각 조목條目마다 판본板本의 윗부분에 주석을 달아 놓아 살펴볼 수 있게 하였으며, 훗날 문인인 김육에게 직접 전해 주기도 하였다. 이것이 조호익이 사망한 후 유고를 정리하여 『가례고증』이 간행될 수 있는 밑거름이 되었다.

한편, 귀양살이에서 풀려난 조호익은 영천에 은거한 후, 지역 문인들의 예에 관한 질정에 대해 상세히 답변해 주면서 예학 연구에 본격적으로 나섰고, 1609년 그가 사망하기 전까지 가례에 집중하여 저술 작업을 진행하였다. 하지만 안타깝게도 이 책의 완성을 보지 못하고 조호익은 사망하고 말았다.

김육이 중심이 되어 조호익의 유고를 정리하고, 감사 민응협閔應協에게 위촉하여 1646년(인조 24)에 7권 3책으로 간행된 『가례고증』의 편집 체제는 대체로 중국의 구준丘濬이 편찬한 『가례家禮』를 준용하고 있다. 김육은 책의 서문을 통해 이 책의 간행 경위에 대해 다음과 같이 밝혔다.

> 나의 스승이신 조호익 선생께서는 도道를 들은 것이 아주 일렀고, 위기지학을 하였으며, 여러 서책을 두루 보고 의리를 깊이 연구하였는데, 예학禮學에 대해서 더욱더 깊게 공부하였다. 이에 드디어 이 책에 대해서 아주 깊은 의미까지 탐구하여 해독하기 어려운 문자와 궁구하기 어려운 사물에 대해서 출처出處를 상고하여 밝혔으며, 경사經史를 인용하여 증명하였다. 그러면서 사이사이에 자신의 견해를 붙여 후대의 학자들이 책을 펴면 분명하게 알 수 있게 해, 마치 직접 마주 대해 앉아서 가르쳐 주는 것과 같게 하였다. 그러니 어찌 후학들을 위해서 크게 다행한 일이 아니겠는가? 다만 관례冠禮와 혼례婚禮에 대해서는 선생께서 고증한 것이 모두 이미 책으로 만들어졌으나, 상례喪禮의 성복成服 이하부터 제례祭禮까지는 모두 미처 편집編輯하지 못하였다. 내가 소장하고 있는 『가례』 한 책은 바로

『가례고증』(한국국학진흥원 촬영, 문간공종중 제공)

> 선생께서 친히 비점批點한 것으로, 여러 서책에서 상고해 내어 책의 여백 부분에 쓰거나 별지別紙에 기록해 둔 것은 모두 선생께서 직접 쓰신 것이다. 이는 대개 편집해서 책으로 만들려고 하다가 미처 만들지 못한 것이다. 이에 동문同門의 여러 친구들이 이 책 안에 기록된 것을 가지고 아래에 이어 붙였다. 그러나 소략하여 다 갖추어지지 않았으니, 참으로 애석한 일이다.

권1에는 김육의 서문 이외에 「사당祠堂」이 실려 있고, 권2에는 「심의제도深衣制度」, 권3 · 4 · 5에는 각각 「사마씨거가잡의司馬氏居家雜儀」, 「관례冠禮」, 「혼례昏禮」가 실려 있으며, 권6과 7에는 「상례喪禮」와 「제례祭禮」가 수록되어 있다. 양적인 면에서 조호익이 직접 집필한 「상례」의 '성복成服' 장 이전까지는 당시 가장 방대하고 수준 높은 가례주석서인 김장생의 『가례집람』과 비교해도 손색이 없으며, 질적인 면에서도 비견되는 수준이다. 더구나 이 저술은 독자들의 이해를 돕기 위해 여러 도표를 수록하고 있는데, 그 가운데 「심의신도深衣新圖」 같은 것은 기존의 『가례』에 수록된 「심의도深衣圖」와 다른 점이 드러나 중국과 구별되는 조선의 특징이 담겨 있기도 하다. 특히 김장생의 『가례집람』에 앞서 이 책이 완성되었다는 점에 비추어 『가례고증』은 우리나라 학자가 만든 최초의 가례주석서에 해당된다고 평가할 수 있다.

조호익은 이 책을 저술하면서 한 치의 의혹이나 미진함이 없도록 하겠다는 의도를 가졌다. 그래서 김육은 조호익의 이러한 의도에 대해 "예禮란 것은 천리天理에 근본 하여 사람의 성품으로 된 것이다. 만나는 처지에 따라서 행하되 각자 그 정情에 따라서 절문節文한다면, 말 한마디 글자 한 자에 대해서는 혹 의심스러운 부분이 있을지라도, 참으로 그 사이에는 덜거나 보탤 것이 없을 것이다. 그런데도 선생께서 심사心思와 이목耳目의 힘을 다 쏟아서 반드시 터럭만큼이라도 미진한 점이 없게 하고자 하였으니, 후생後生을 위해 계획한 것이 참으로 지극하고도 절실하다"라고 평가하였다.

조호익의 예학적 입장은 기본적으로 『주자가례』에 기초한 것이었다. 하지만 조호익은 『주자가례』를 미완성의 저서로 인식하였다. 옛 성현의 뜻을 기반으로 주자가 가례를 저술하였지만, 구체적인 저술 과정에서 완벽하지 못하여 미흡한 점이 없지 않다고 판단하였다. 그래서 그는 미흡한 점을 보완하고 의심스러운 것을 풀어내어야 한다고 보았다. 이러한 그의 태도는 주자 후대의 학자들과 맥락을 같이하는 것이라는 점에서 그의 예학적 입장이 결코 상도를 벗어나지 않았다는 점을 반증한다.

한편, 조호익은 시속時俗보다는 고례를 중시하는 입장을 취하였다. 시속을 상대적으로 중시했던 당시 선배 학자들과 달리, 그는 고례와 『주자가례』를 중시하였다. 그는 주자의 만년 정론에 입각하여 『주자가례』를 새롭게 복원하고자 하는 의도를 가지고 있었으며, 가례 내용의 완벽함을 추구하였기 때문에 시속보다는 고례를 중시하는 경향을 보인 것이다.

특히 그는 고례 중시와 주자 본의의 추구를 이루기 위해 고례의 본뜻을 가장 잘 드러낸 경전이 『예기』라고 판단하여 어떤 예서보다 『예기』를 중시하였다. 즉 『예기』에 담긴 내용대로 행하는 것이 예의 뜻을 얻는 것이라 판단하고, 예와 수양의 관계를 『예기』를 중심으로 설명하고자 하였다. 아울러 조호익은 『가례의절』에 대해서도 긍정적인 시선을 가지고 저술에 많이 참고하였다고 전한다.

가례의 연구를 통해 조호익이 드러낸 예학적 입장은 스승인 퇴계나 퇴계학파의 선배 문인인 김성일이나 류성룡 등과 차별화된 것이었으며, 동시에 율곡 계열의 김장생과도 다른 양상을 보였다는 점에서 의의가 있다. 조호익은 시속에 대해 상대적으로 완화된 입장을 보였던 퇴계와는 달리 고례를 중시하였고, 『의례경전통해』를 중시한 정구, 『주자가례』를 통해 『예기』의 내용을 정리하고자 했던 김성일 그리고 류성룡 등과는 다른 경향을 보였다. 더구나 율곡 계열의 예학적 입장과는 구분되는 경향을 보였다는 점에서 그의 예학은 독특한 의미가 있다는 것이 학계의 일반적 평가이다.

조선 중기 예학사의 측면에서 조호익이 남긴 『가례고증』은 비록 후반부의 내용을 미처 완성하지는 못한 미완성의 저작이지만, 조선 예학사에서 가례주석서의 문을 연 대표적인 저작이다. 그리고 퇴계학파 내부에서 볼 때도 대표적인 예학자로 손꼽히는 정구와 더불어 조호익의 예학이 퇴계학파 예학의 한 축을 담당했음을 확인시켜 주는 저서라 평가할 수 있다.

3) 의리의 구현을 향한 역학 체계를 구축하다

예학 이외에 조호익의 학문적 성취가 두드러지는 분야는 역학易學이다. 그는 파란만장한 생애를 거치면서 세상에 대한 보다 치밀한 이해와 체인을 통해 바람직한 사회의 실현을 염원하였고, 이러한 그의 염원은 역학을 통해 구체화되었다.

그가 『주역』에 본격적인 관심을 기울인 때는 강동 유배시절이었다. 그는 강동에 도착하자마자 의리義理와 상수象數가 『주역』에 깊이 온축되어 있다고 여겨 『주역』에 침잠하였다. 진퇴進退와 소장消長, 길흉吉凶과 회린悔吝의 이치를 파악하는 것이 환난에 처하여 행하는 데 더욱더 소중하다고 판단한 것이었다. 그래서 다른 여러 경전을 읽으면서도 특히 『주역』에 뜻을 두고 집중적으로 연구하고 마음속으로 체득하여 은연중에 깊이 뜻을 통하고자 하였다.

조호익의 『주역』에 대한 관심은 그를 찾은 제자에 대한 강학으로도 이어져 40대에 이르러 김육의 부친 김흥우에게 『역학계몽易學啓蒙』을 강독하기도 하였다. 그리고 강동 유배시절 『주역』에 대한 조호익의 학문적 성취는 『역전변해易傳辨解』로 엮어졌다. 하지만 55세가 되던 1599년 2월, 병이 위독하여 평소에 지은 여러 글을 모두 불태웠을 때, 이 책도 불태워져 지금은 전하지 않는다.

강동에서의 유배생활을 끝내고 영천에 은거한 이후에도 조호익의 주역에 대한 관심은 지속되었다. 특히 그는 지산촌에 은거한 후 마치 세상일을 잊어버린 사람처럼 지냈는데, 이때 매일 초혼初昏이 되면 천상天象을 살피고 수시로 『주역』의 효사爻辭를 펼쳐 보고 산가지를 늘어놓으며 점을 쳐 보곤 하였다고 한다. 그리고 『주역』을 읽고 단彖과 상象의 의심스러운 뜻을 미루어 밝힌 후 이것을 각 조목에 따라 판본의 상단에 적어 두었다.

이러한 일련의 『주역』에 대한 연구 성과는 조호익의 5대손인 조선적이 편집하고, 6대손인 조덕신曺德臣이 1779년에 『지산집』의 속집을 간행할 때 별도로 간행되었다. 당시 『지산집』 속집이 간행될 때, 원집과 속집은 합간하고, 『역상설』만 이상정의 감정을 거쳐 1편으로 따로 간행하였다.

조호익의 행장이나 신도비명, 묘갈명 등에서는 모두 이 책 제목을 『역상추설』이라고 하였는데, 이 책 이름이 본래 조호익이 붙인 것이 아니어서 책으로 간행할 때 추推 자를 빼고 그냥 『역상설』로 제목을 붙였다고 한다. 행장에는 이 책과 더불어 조호익이 스스로 불태워 버린 『역전변해』와 『주역석해』라는 책을 저술한 것으로 기록되어 있지만, 이것 또한 전해지지 않는다. 따라서 조호익의 역학사상은 『역상설』을 통해 확인할 수 있다.

조호익이 『주역』에 해박했다는 사실은 그의 문인 김육의 「행장」에서도 확인된다. 김육은 조호익의 학문에 대해 다음과 같이 평가하였다.

> 선생의 학문은 『주역』에 대해서 가장 심오하였고, 제사諸史와 자집子集, 외가外家와 병서兵書 및 천문天文, 지리地理, 음양陰陽의 학설에 이르러서도 모두 다 통달하였다. 그러나 일찍이 이에 대해서 다른 사람에게 말하지 않았으므로, 선생이 잘 알고 있다는 사실을 아는 사람이 드물었다.

지산촌에 은거한 후 그와 가장 학문적 교유가 빈번하였던 장현광이 조선 역학사易學史에서 독보적인 학자 중 한 사람으로 평가받고 있는 점에 비추어, 조호익의 역학적 견해는 여헌에게도 적지 않은 영향을 끼쳤을 것이라 짐작하게 한다. 조호익이 『역상설』을 통해 두드러지게 강조한 상수학象數學적인 해석 방법론과 의리역義理易의 유학적 실천론의 결합은 장현광의 역학사상과도 무관하지 않기 때문이다.

조호익의 『주역』 해석에서 드러나는 상수에 의한 해석방법과 의리에 의한 해석방법의 종합적 태도는 그가 주로 정이천의 『역전易傳』과 주자의 『주역본의周易本義』를 바탕으로 여러 학자들의 견해를 참고하여 주석 작업을 진행한 것에서 확인된다. 특히 그는 『역상설』 첫머리에 64괘의 원도圓圖에 절기節氣를 결합한 옥재玉齋 호씨胡氏의 도圖를 보완한 「역상지도」, 하도河圖와 낙서洛書를 결합한 「범수지도範數之圖」를 싣고, 상象을 중심으로 의리를 밝혀 가는 입장을 드러냈다. 나아가 그는 괘효사의 물상物象을 어떻게 정합적으로 해석할 것인가 하는 상수역의 문제의식을 가지고 『주역』을 해석하는 태도를 두드러지게 보여 주었다.

이러한 그의 태도는 종국적으로 유학적인 의리실천적 목표를 지향하고 있다는 점에서 더욱 의의가 있다. 즉 괘상卦象을 유학적인 도덕 실천과 도덕적 본성의 관점에서 해석하고, 괘효卦爻와 괘효사卦爻辭를 정치적 교화와 관련하여 해석하고 있는 점은 그가 의리역을 통한 목표지향적 역학사상을 가졌음을 반증하는 것이라 할 수 있다.

결론적으로 조호익은 태극太極 및 리理와 같은 성리학의 도덕적 근원과 도덕의 실천적 규범인 의義, 그리고 음양에 대한 가치론적 해석을 통해 도덕 실천이라는 유학적 의리역의 목표를 지향하였다고 평가할 수 있다. 그리고 이를 위해 의리역적 괘효사 해석 방법을 채용하면서도 주로 상수학적 방법에 의존하여 주역을 해석하였다고 볼 수 있다.

한편, 『주역』에 대한 독보적인 이해 이외에도 조호익은 『심경질의고오』를 통해 퇴계학의 심학적 전통을 체계화하는 데에도 크게 기여하였다. 조호익은 이 책의 앞부분에 다음과 같이 저술 동기를 밝히고 있다.

> 살펴보건대 이 책은 퇴계선생께서 스스로 저술한 것이 아니라, 배우는 자들이 퇴계선생에게 질의한 다음 물러 나와서 기록한 것이다. 이에 선생께서 답한 말이 글을 엮는 즈음에 자못 참모습을 잃게 되었으며, 또한 기록하는 자가 자신의 견해를 붙인 곳도 있는 탓에 후학들을 그르치는 바가 적지 않다. 그러므로 이제 현저히 잘못된 부분에 대해 대략 개정改定하는 바이다.

이 책의 편차와 순서는 대체로 『심경부주心經附註』의 순서에 따르고 있으며, 『심경질의』의 내용을 바로잡은 곳은 모두 145곳에 이른다. 편제에 따라 내용에 이견이 있는 표제어를 가려 제시한 뒤, 바로 그 아래에 '질의質疑'라 쓰고 『심경질의』의 내용을 옮겨 적고 자신의 견해를 제시하였다.

이러한 점에서 이 저작은 기존의 여러 연구서에는 모두 이덕홍李德弘의 『심경질의』에서 잘못된 것을 조호익이 고증한 것으로 정리되어 있지만, 그 내용이 『심경질의』와는 많이 다르고, 오히려 이덕홍이 지은 『심경강록心經講錄』과 내용이 흡사하여 보다 구체적인 연구가 필요한 저작이라 하겠다.

제3장

충의와 학문을 겸비한 지산가의 사람들

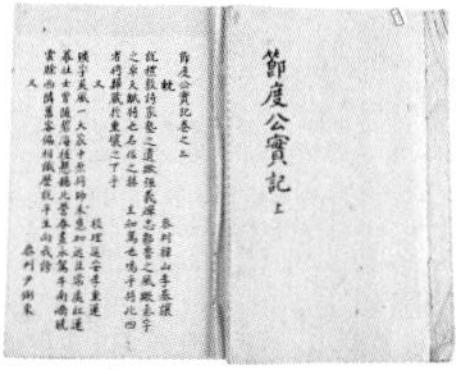

1. 남다른 우애를 보여 준 조호익의 형제들

조호익의 5형제는 남다른 우애를 보여 당시에 많은 사람에게 회자될 정도였다. 5형제 모두 남다른 성취를 이루었으며, 특히 이들의 우애를 상징적으로 보여 주는 유적도 현재 남아 있을 정도이다.

경상남도 밀양시 오방리에 가면 경상남도 기념물 제120호인 '밀양 오방리 강동구江東邱' 가 있다. 밀양시 하남읍에서 초동면을 지나 인교삼거리로 가는 옛 도로를 따라가면 초동면사무소에서 인교삼거리를 가기 위해 낮은 언덕을 지나게 되는데, 낮은 언덕 앞에 '강동구 비각' 이 서 있다. 그리고 그 앞의 안내판에는 다음과 같은 글귀가 적혀 있다.

밀양 오방리 강동구
(密陽 五方里 江東邱)

경상남도 기념물 제120호
경상남도 밀양시 초동면 오방리

강동구(江東邱)는 '강동의 언덕' 이란 뜻으로, 취원당(聚遠堂) 조광익(曺光益, 1537~1578)과 아우인 지산(芝山) 조호익(曺好益, 1545~1609)의 우애를 기리기 위해 평안도 강동현(江東縣) 사람들이 쌓았다고 전해진다.

1575년(선조 8)에 경상도 도사(慶尙道都事) 최황(崔滉)이 조호익(曺好益)에게 군적(軍籍)에 올랐으면서도 병역의 의무를 다하지 않는 자들을 색출하도록 지시하였다.
그러나 조호익은 아버지의 상(喪)을 핑계로 이를 거절하였다. 이에 최황은 그를 불량 토호(土豪)라는 명목으로 평안도 강동(江東)으로 유배를 보냈다. 이에 조호익의 형인 조광익은 1578년(선조 11)에 귀양간 동생을 만나기 위해 평안도부사(平安道府使)의 직책을 얻어 강동으로 갔다가 병을 얻어, 그곳에서 42세의 나이로 죽었다.
그 후 밀양 오방리에서 조광익의 장사를 지내는데, 강동의 많은 선비와 백성들이 흙을 짊어지고 조문하러 와서 묘 위에 흙을 덮고 남은 흙으로 이 언덕을 만들었다고 한다.
선조는 그들의 우애를 가상히 여겨 「삼강행실도」(三綱行實圖)에 그 이야기를 싣도록 하고, 정문(旌門)을 내려 길이 후손의 귀감으로 삼도록 표창하였다.

밀양 강동구 안내판
(Joins 블로그: http://blog.joins.com/pts47/10765293)

강동구江東邱는 '강동의 언덕' 이라는 뜻으로 취원당聚遠堂 조광익曺光益(1537~1578)과 아우인 지산芝山 조호익曺好益(1545~1609)의 우애를 기리기 위해 평안도 강동현江東縣 사람들이 쌓았다고 전해진다.

조호익이 무고로 인해 평안도 강동으로 유배의 길을 떠나자 잠시나마 형제간의 정을 나누고자 유뱃길에 동행했던 조광익은 관직에 있으면서도 늘 동생의 안위를 걱정했다. 그러던 중 형조정랑으로 승진한 지 얼마 되지 않아 자원하여 평안도도사에 취임하였다. 그가 평안도도사로 자원한 것은 여러 이유도 있지만 평안도 강동현에 유배 중인 아우 조호익과 자주 만나 위로하고 회포를 풀기 위함이었다. 하지만 그는 평안도도사에 취임한 후 얼마 지나지 않아 42세를 일기로 임소에서 세상을 떠나게 되었다.

이후 조광익의 유해는 그의 처가인 밀양으로 옮겨 장사를 지내게 되었는데, 이때 조광익이 평안도도사로서 재직하면서 보여준 애민정신과 조호익과의 우의에 감복한 강동의 많은 선비와 백성이 강동의 흙을 짊어지고 천릿길을 걸어 밀양으로 조문을 오게 되었다. 강동 백성들이 밀양에 도착했을 때는 이미 장례가 끝난 뒤라 그들이 가져온 흙의 일부는 봉분 위에 더하고, 남은 흙은 조광익의 묘소 입구에 두 개의 둔덕으로 나누어 모으고 대나무를

밀양 강동구(문화재청)

심어 표시하게 되었다. 그렇게 조성된 언덕이 바로 '강동구', 즉 '강동의 언덕' 이다.

강동현의 백성들이 자발적으로 흙을 짊어지고 그 먼 밀양으로 옮겨와 조성된 강동구는 무엇보다 조광익과 조호익의 우애에 감복한 것에서 비롯된 것이었다. 그래서 당시 임금인 선조는 그 우애를 가상히 여겨 정문旌門을 내려 표창하고, 『삼강행실록三綱行實錄』에 수록하게 하였다.

강동구의 주인공인 조광익은 조호익과 더불어 퇴계의 문하에서 수학하였고, 1564년(명종 19) 별시문과에 을과로 급제하여 형조좌랑과 감찰을 지낸 후, 1576년(선조 9) 중시重試에 장원급제하여 관직이 의금부도사에 이르렀다. 효심이 깊었던 그는 부친상을 당하였을 때 상례喪禮에 어김이 없었으며, 어머니를 지극히 봉양하여 향리는 물론 밀양 · 창원 · 영천의 사림士林이 감복했고, 순찰사巡察使가 그의 효행을 글로 써서 왕에게 올리기도 했다.

조광익은 1572년(선조 5) 동짓달에 어머니가 세상을 떠나자 3년간 여묘廬墓를 했는데, 이때 건강을 크게 해치자 한강 정구 · 율곡 이이 등 여러 제현들이 글로써 타일렀을 정도였다. 그리고 도내 사림들이 그의 효행을 적어 조정朝廷에 올리기도 했다. 현재 그의 위패는 밀양의 오봉서원五峰書院과 청효사淸孝祠에 봉안되었으며, 저서인 『취원당집聚遠堂集』이 전한다.

한편, 조호익은 조광익뿐만 아니라 다른 형제들과도 남다른 우애를 나누었다. 조호익이 무고로 유배를 떠나게 되었을 때, 조호익의 유뱃길에는 항상 조호익의 형제가 함께 있었다. 조호익이 유뱃길에 올라 낙동강 무계武溪나루에 이를 때까지 조호익의 형제들은 동행했고, 조호익 형제 가운데 맏형 참의공參議公은 경상도를 벗어나기 전까지 조호익과 길을 함께하였다. 그리고 조호익의 동생인 겸익은 유배의 처음부터 강동에서 조호익이 자리를 잡을 때까지 고락苦樂을 함께하였다. 조호익은 유배 가던 도중 무계나루에서 가졌던 소회를 다음과 같은 시로 노래하였다.

서로 보며 말이 없어 각자의 혼 녹는데	相看無語各消魂
한 이불 덮고 자는 이 저녁은 따스하네.	大被終休此夕溫
이 뒷날에 변방 땅서 부질없이 기억하리	他日關山空記憶
한 방에서 나란히 잔 무계촌의 이 가을밤.	一床秋夜武溪村

이렇듯 애틋한 우애를 나눴던 형제 가운데 조호익의 동생 조겸익(?~1578)은 조호익과 가장 막역하게 지낸 형제였다. 조호익을 따라 조호익의 유배지인 강동까지 함께 가서 오래도록 근심과 괴로움을 나누었으나, 고향으로 돌아간 지 겨우 1년 만에 세상을 떠나고 말았다. 중형 조광익을 잃은 지 얼마 지나지 않아 아우마저 잃은 조호익은 손수 제문祭文을 짓고 제수祭需를 갖추어 고향으로 보내었다고 한다.

조호익의 셋째 형인 조희익(1542~1593)은 조호익과 언제나 뜻을 함께 나누는 동지同志였다. 조희익은 1570년(선조 3) 식년시式年試에 합격하였으나 더 이상 과거에 응하지 않고 학문에만 매진한 처사적 삶을 살았다. 하지만 그는 임진왜란이 발발하자 선대의 고향인 영천에서 정세아鄭世雅와 함께 의병을 일으켜 혁혁한 공을 세웠으며, 다른 지역에서 의병활동을 하던 동생 조호익과도 서로 성원하였다. 조호익이 아들이 없어 형 조희익의 아들 이수以需를 후사後嗣로 삼았는데, 이수가 매화를 꺾어 가지고 와 보이자 조호익은 먼저 저세상으로 간 형 조희익을 생각하고는 절구 한 수를 지어 슬프게 읊조렸다고 한다.

어지러운 세상에서 홀로 곧음 지키기에	世亂渠能獨保貞
주인옹이 너와 함께 심사 갈길 맹세했네.	主人心事昔同盟
찬 자태와 굳센 지조 서로 비길 만하거니	冰姿苦節堪相擬
너의 모습 형이라고 부르는 게 합당하네.	看汝風標合喚兄

한편, 조호익의 맏형인 조계익은 당초 이름이 선술善述이었다. 청빈을 벗 삼아 살면서 평생 벼슬길에 나아가지 않았으나, 사후에 이조참의에 추증되었다. 늘 집안의 중심 역할을 묵묵히 해 왔던 참의공은 말년에 이르러서도 청빈한 삶을 유지하고 있었다고 한다. 유배에서 풀려나 의병을 주도하며 관직에 나아갔

을 때에도 늘 백형인 조계익에 대해 애틋한 마음을 간직하고 있었던 조호익은 이러한 마음을 담아 참의공에게 편지를 보내기도 하였다.

> 요즈음 객지에서 어떻게 보내고 계시는지 모르겠는바, 우러러 그리는 마음이 몹시도 깊습니다. 이 동생은 천리 먼 곳에서 고향으로 돌아온 뒤 2년 동안이나 이곳저곳을 떠돌아다니느라 선영先塋을 한 번도 둘러보지 못하였습니다. 그리고 또 우리 형님과 하루도 조용히 만나서 회포를 풀지 못하였으며, 우리 형님께서 산속에서 굶주린 배를 움켜쥐고 있는 것을 보기만 한 채 하루치의 양식도 도와주지 못하였습니다.…… 이 동생은 서울에 도착한 뒤에 곧바로 관직에서 물러나게 해 주기를 청하여 강동江東의 서재書齋로 돌아가서 누워 지내려고 하고 있습니다. 이는 이미 정해진 계책입니다만, 저의 소청대로 될지의 여부는 모르겠습니다. 그렇지 않고 만약 관서關西지방의 한 고을을 얻게 된다면, 말과 종을 보내어 형님을 모셔 와 한곳에 살면서 늙음을 마칠 계획인데, 이 역시 성사될지 안 될지 모르겠습니다.…… 이 동생이 만약에 관서로 돌아가게 되어서 형님을 모셔 와 함께 돌아갈 만한 형세가 있게 된다면, 선영과의 거리가 비록 천리토록 멀기는 하지만, 자손이 있는 곳과는 기맥氣脈이 서로 연결되어 있어서 오지 못할 리가 없을 듯합니

다. 이에 이 동생이 사는 곳에 사당을 지어 안치시키고자 하는 계획을 세웠는데, 그래도 되는지 모르겠습니다. 이는 부득이 한 계책에서 나온 것입니다. 그러나 반드시 형님께서 돌아오기를 기다린 뒤에야 할 수가 있지, 그렇지 않을 경우에는 할 수가 없습니다. 오직 몸을 잘 보중하시기만을 간절히 바랍니다. 남은 정이 끝없어서 다 쓰지 못합니다.

편지의 내용처럼 성사되지는 않았지만 조호익은 형제간의 우애를 평생토록 간직하였다. 그리고 조호익의 형제들은 '청백으로 공무를 받들고, 효우로 집안을 위한다'(淸白奉公, 孝友爲家)는 선대로부터 이어져 온 정신을 공유하면서 남다른 우애를 다져 나갔다.

2. 조선적과 조덕신 · 학신 부자의 학문과 성취

선대로부터 이어져 온 정신을 이어받아 조호익 대에 이르러 우뚝한 성취를 이룬 지산가는 후대에 이르러서도 남다른 가풍이 면면히 계승되었다. 조호익의 충의정신은 병자호란 때 거의擧義한 그의 손자 조완曺輐을 통해 거듭 드러났고, 이후 애일당 조수창과 그의 아들 묵암 조익한 등을 통해 조호익의 학문 또한 여실히 이어졌다.

조호익의 후손 가운데 주목할 만한 성취를 이룬 인물로는 그의 5대손인 치재恥齋 조선적曺善迪(1697~1756)과 그의 아들인 조덕신曺德臣(1722~1791), 조학신曺學臣(1732~1800)을 손꼽을 수 있다. 조선적은 병와 이형상과 사승 관계를 맺어 퇴계학파의 학문을 계승, 18세기에 상대적으로 침체되었던 영남 성리학을 부흥시키는 데 일조하며 우뚝한 학자적 성취를 일구었고, 조학신은 조호익 이후 주목할 만한 관료로 현달하여 작지 않은 업적을 이루었다.

조선적은 조호익의 4대손인 조익천曺翼天과 밀양박씨 사이의 둘째 아들로 태어났다. 그는 벼슬에 뜻을 두지 않아 과거에 응시하지는 않고, 오로지 학문에만 전념한 처사적 삶을 영위하였다. 그래서 그는 세간의 명리名利에 관심을 두지 않고 위기지학으로서의 유학의 본의에 뜻을 두었다고 전한다.

한말 도학자이자 의병장으로 활약한 척암拓庵 김도화金道和가 작성한 그의 「행장」에 따르면, 조선적은 태어날 때부터 총명한 자질을 갖추었고, 5세에 이미 글을 알아 사람들을 놀라게 하여 '천재'라고 칭송을 받을 정도였다고 한다. 그는 10세에 이미 여러 경전과 사서를 두루 읽을 정도로 학문적 성취가 남달랐으며, 당시 퇴계학파의 거두로 손꼽혔던 병와 이형상의 문하에 나아가 수학하여 많은 학문적 성취를 이루었다고 한다.

그는 일반 문인들과는 달리 리기심성론을 비롯한 조선 성리학의 핵심적인 주제에 대해 일정한 견해를 가지고 있었다. 그래서 김도화는 그의 학문에 대해 다음과 같이 정리하였다.

> 공公은 도道를 논함에 "태극太極이 나뉘어서 음양陰陽과 오행五行이 되고, 사람은 음양의 정수精秀를 받아 형체가 되며, 태

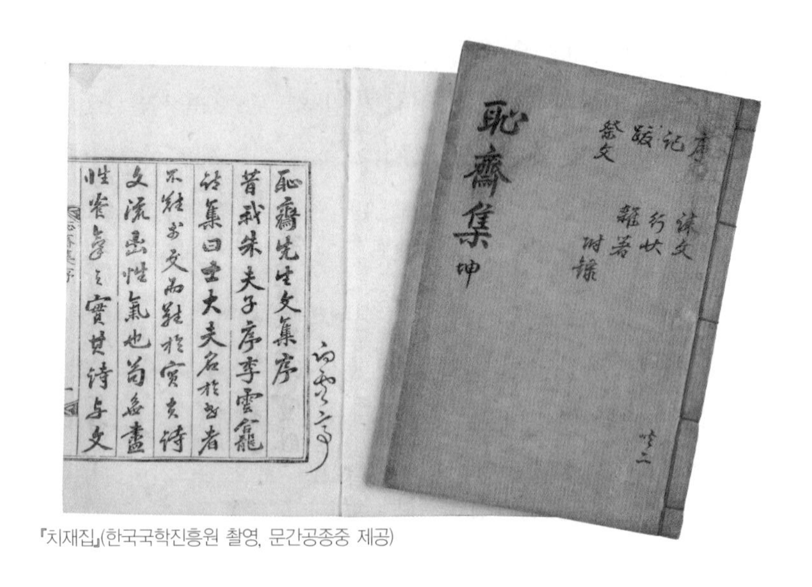

『치재집』(한국국학진흥원 촬영, 문간공종중 제공)

극의 리理를 얻어 성性이 되고, 정情에 발현하여 사단四端이 되며, 행동에 나타남이 오륜五倫이 되었다. 인리人理는 곧 천리天理이다. 그 도는 일관되어 있을 뿐이다"라고 하였다.

특히 그는 퇴계의 리발설理發說을 계승하여 "사단이 리발이라고 하는 것은 성선性善의 뜻을 밝힌 것"이라고 강조하였으며, 태극의 리가 구체적인 일상의 도라는 입장을 견지하여 현실상에서 리의 실재성을 강화하는 논의를 전개하였다. 그만큼 퇴계학의 계승과 확산에 진력한 것이 조선적의 학문적 지향이었다.

조선적의 이러한 학문과 구체적인 내용은 그의 문집 『치재집恥齋集』에 고스란히 담겨 있다. 4권 2책으로 간행된 이 문집의 서문은 19세기 영남학파의 대표적인 성리학자 사미헌四未軒 장복추張福樞와 자운紫雲 이의한李宜翰이 작성하였으며, 발문은 이종기李鍾杞가 찬술하였다. 당초 가문에서 조선적과 교유했던 이의한의 서문을 받아두었다가, 문집을 간행할 때 장복추에게서 서문을 다시 받아 문집을 간행한 것이다. 서문과 발문을 작성한 세 학자 모두 18~19세기의 영남 유학을 대표하는 학자라는 점에서 조선적의 학문적 위상이 어떠했는지를 가늠해 볼 수 있다.

『치재집』의 권1에는 그의 시문詩文이 실려 있다. 권2에는 조선적이 교유한 인물들과 주고받은 편지가 실려 있다. 당시 '소퇴계'로 불리며 영남 유학의 부활을 주도했던 대산 이상정을 비롯하여 백불암百弗庵 최흥원崔興遠과 주고받은 편지가 눈에 띄며, 특히 주목되는 편지는 강동지역에서 조호익을 종향하는 서원의 사림들과 주고받은 것이다. 조호익이 세상을 떠난 지 1백여 년이 지났음에도 불구하고 조선적은 강동지역의 조호익 후예들과 교유하며 조호익에 대한 숭모의 뜻을 강화하였던 것이다. 권3에는 서문과 기문, 그리고 제문 등이 실려 있고, 권4에는 제현들의 행장이 주로 실려 있다. 잡저 중 「답학자문목答學者問目」은 조선적의 학문적 입장을 가늠할 수 있다는 점에서 주목된다.

조선적의 이러한 학문적 성취는 그의 숙부인 묵암 조익한과 적지 않은 관련성이 있다. 조호익의 예학과 역학 방면에서의 성

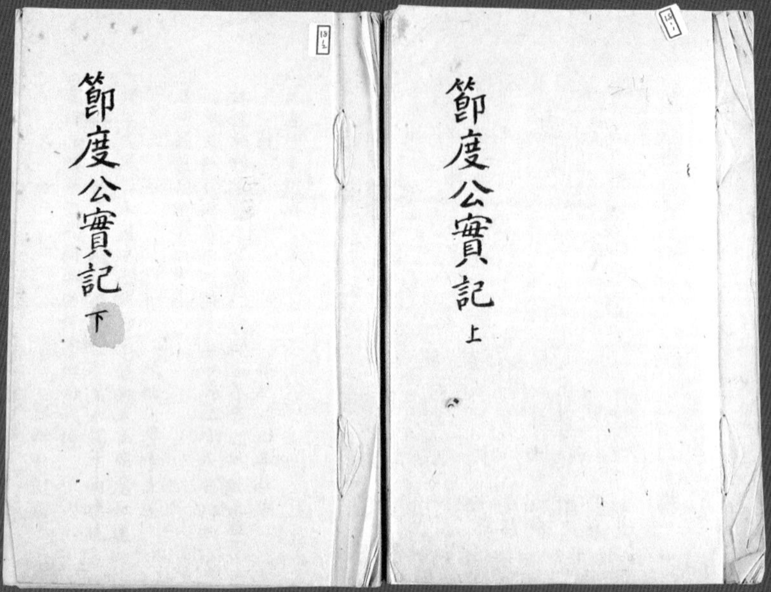

節度公實記 下

節度公實記 上

『절도공실기』(한국국학진흥원 촬영, 문간공종중 제공)

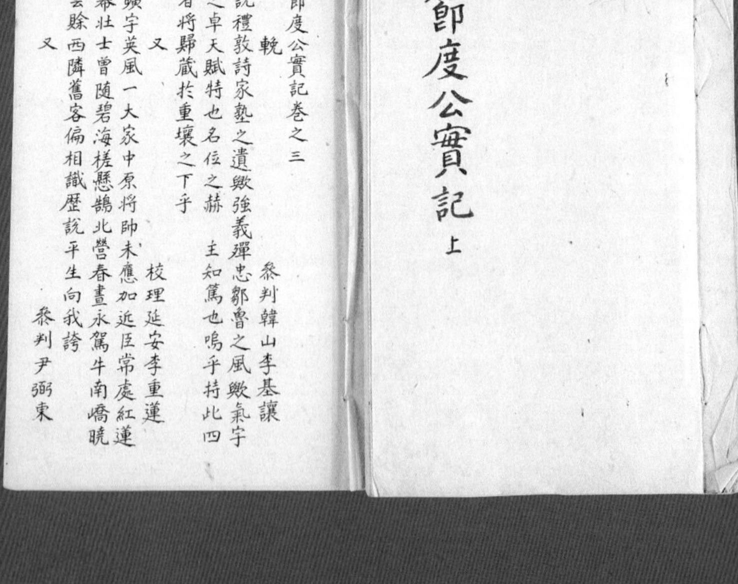

節度公實記卷之三

輓　　叅判韓山李基讓

說禮敦詩家塾之遺歟強義殫忠鄒魯之風歟氣宇之卓天賦特也名位之赫　主知篤也嗚乎持此四者将歸藏於重壤之下乎

又　　校理延安李重蓮

曠宇英風一大家中原将帥未應加近臣常處紅蓮幕壯士曾隨碧海槎懸鵠北營春晝永駕牛南嶠曉雲賒西隣舊客偏相識歷說平生向我誇

又　　叅判尹弼東

節度公實記 上

취가 고스란히 조익한을 통해 재차 천명되었기 때문이다. 따라서 조선적의 학문은 가학을 계승한 면이 크다고 평가할 수 있다.

한편, 부친인 조선적과 교유가 깊었던 최흥원崔興遠의 문인인 조학신은 어려서 학문을 익혔으며, 틈틈이 무예를 갈고 닦았다. 1759년(영조 35)에 이르러 정시에 급제한 그는 당시 병조판서였던 김성응金聖應의 천거를 받게 되었고, 이에 따라 영조는 그를 인견하게 되었다. 영조의 부름을 받아 인견하는 자리에서 영조가 그에게 청룡도青龍刀를 주면서 시범을 보일 것을 요청하자, 그는 빼어난 무예 솜씨를 발휘하여 영조의 탄복을 이끌어 냈고, 이에 사복시내승에 제수되었다.

이후 내직과 여러 고을의 목사를 거쳐 1779년(정조 3)에 경상도좌수사, 1781년(정조 5)에 전라도병마절도사에 각각 임명되었다. 무인으로서 절도사에 임명된 조학신은 군기를 정비하고 어려운 백성을 구제하는 등 선정을 베풀어 백성들이 선정비를 자발적으로 세울 정도였다. 그리고 이 사실이 조정에까지 알려져 정조로부터 비단 안장을 한 말 한 필匹과 함께 『규장각지奎章閣誌』·『규장전운奎章全韻』·『대전통편大典通編』·「별군직제명첩別軍職題名帖」을 각각 1부씩 하사받았다.

이후 화성성역이 진행되자 조학신은 화성도감중군으로 그 일을 주관하였으며, 금위별장을 역임하기도 하였다. 이후 함종부사, 길주목사, 봉산군수 등 외직을 두루 역임한 후 1800년에 사망하였는데, 그의 죽음을 안타깝게 여긴 조정에서는 부의를 내려 조제弔祭하였다.

과거 조선에서는 종친이나 문관, 무관 가운데 2품 이상의 관직을 역임한 관료에게는 그의 조상을 삼대까지 추증하였는데, 이때 부모는 본인의 품계에 준하여 관직을 추증하고, 조부모와 증조부모는 본인의 품계에서 한 단계 낮은 품계의 관직을 주었다. 이것을 '삼대 추증'이라고 한다. 조학신도 2품 이상의 무관을 역임하였고, 이에 따라 그의 3대 선조에까지 관직이 제수되었다. 증조부인 조수창에게는 정3품의 통훈대부通訓大夫 장학원정이, 조부 조익천에게는 승정원의 정3품 당상관직인 좌승지 겸 경연참찬관이, 그리고 부친 조선적에게는 종2품 관직인 호조참판이 각각 추증되었다. 아울러 증조모 및 조모, 모친에게도 각각 숙부인淑夫人 등이 증직되었다.

조학신의 관료로서의 현달顯達 이외에, 그의 형인 둔암遯庵 조덕신曺德臣(1722~1791)의 학문적 성취도 주목할 만하다. 자가 직부直夫인 조덕신은 어려서부터 가학家學을 계승하면서 경전과 역사서를 두루 익혔고, 학문적 조예가 깊었던 부친의 훈도에 따라 과거시험이 아닌 위기지학으로서의 유학의 본령에 충실하였다.

동생 조학신과 더불어 부친의 학문적 동지인 백불암 최흥원으로부터 학문적 훈도를 받은 조덕신은 그의 문인 임필대任必大·이광정李光靖 등과 함께 사단칠정四端七情에 관한 여러 저술을

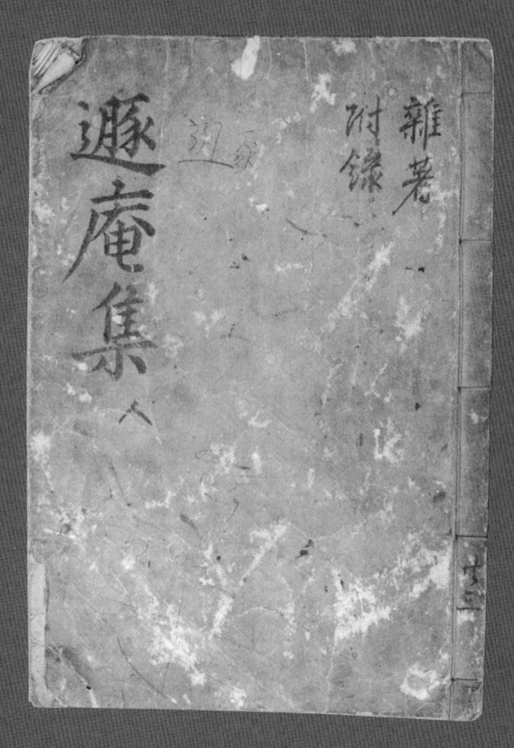

『둔암집』(한국국학진흥원 촬영, 문간공종중 제공)

遯庵文集序
夫子之時周禮在魯佛
老楊墨之說尚未盈於
天下然而其勉學者也
曰就有道而正焉又曰
吾黨之士狂簡不知所
以裁之蓋莫非深憂異

읽으며 학문에 전념하였다.

그의 대표적인 저술로는 지智에 대한 집중적인 탐구가 집약된 「지자설智字說」을 비롯하여 『주역』·『서전書傳』 및 사서의 주요 구절을 풀이한 「독서차록讀書箚錄」 등을 손꼽을 수 있다. 그리고 6권 3책으로 편집 간행된 그의 문집인 『둔암집遯庵集』에는 『주역』에 대해 논한 「선후천설先後天說」과 「대역통지大易通旨」, 그리고 「혼고시천역변混古始天易辨」 등이 수록되어 있으며, 대산 이상정과 사단칠정에 대해 문답한 「사칠문답四七問答」 등이 실려 있다. 이러한 일련의 저술을 통해 볼 때 조덕신은 조호익으로부터 비롯된 역학에 대한 가학적 전통을 충실히 계승하였다고 평가할 수 있으며, 조선 성리학의 가장 핵심적인 논쟁적 주제인 사단칠정론에 대해 퇴계학파의 종장으로 평가받는 이상정과 문답을 주고받을 정도였다는 점에서 영남 유학의 중심인물로 평가할 수 있겠다.

이렇듯 조호익의 5대손인 조선적과 그의 아들 대에 이르러 지산가는 학자와 관료로서 주목할 만한 인물을 배출하여 그 명성이 영천을 중심으로 한 영남지역을 넘어 전국적으로 확대되었다. 그리고 이러한 성취는 조호익 사후에 가장 주목할 만한 성취였다고 할 수 있겠다.

3. 충의를 실천한 지산가의 사람들

억울한 유배생활 속에서도 학문에 대한 일념과 향촌사회의 교화에 매진했던 조호익은 국가가 위난에 처하자 고매한 인품을 바탕으로 지역민을 규합하여 왜적과의 최일선에서 활약하였다. 임진왜란기에 보여 준 충의와 기개는 조호익을 거쳐 그의 후손들에게까지 영향을 미쳤다.

충의를 실천하고 절의를 지키는 지산 문중의 전통은 조호익에게서 크게 발양하였지만, 그 원천은 그의 선조로부터 비롯된 것이었다고 보는 것이 타당하다. 창녕조씨 득성조인 조계룡이 일찍이 신라 때 왜구의 침략을 격퇴한 일화로부터 영천 입향조인 조신충이 몸소 보여 준 절의정신 등은 지산의 문중 내에 깊숙이 뿌리를 내렸고, 조호익을 거쳐 조호익 후손에게까지 면면히 계승되었다고 하겠다. 그리하여 조호익의 후손들도 창녕조씨와 지산문중의 충의와 절의정신을 이어받아 국가적 위난기나 혼란기에 어김없이 충절을 드높였다.

조호익의 문하를 종유하기도 했던 의락당宜樂堂 조경曺璄은 임진왜란 당시에 의병장으로 크게 활약하였다. 그는 일찍이 퇴계의 문하에서 수학하며 학문을 익히면서 도덕과 절개를 겸비해야 함을 배웠다. 임진왜란이 발발하고 임금 선조가 의주로 피난을 떠나자 의주를 향해 눈물을 지으며 동생인 조성曺珹과 함께 창의倡義하였다.

1596년(선조 29)과 1597년에 걸쳐 '공산회맹公山會盟' 이란 이름의 의병장 회동이 세 차례 열렸는데, 이때 조경이 참여하니 참석한 사람들이 모두 그를 수성장守城將으로 추대하였다. '공산회맹' 이란 경상도 의병들을 중심으로 전라도 · 충청도 · 경기도 의병들이 대구 팔공산에 모여 행한 회맹을 말하는데, 이 회맹을 통해 조경은 수성장이 되어 큰 성과를 올렸다.

이후 경남 창녕 화왕산성에서도 '화왕산 회맹' 이 열렸는데, 불가피한 사정으로 조경이 참석하지 못하자, 이 자리에 있던 동악東岳 이안눌李安訥은 "화왕산 머리에 그대 모습 뵈지 않으니, 뉘라 동남방의 적을 막은 공 있음을 알리오?"라는 글을 지어 조경의 불참을 애석해하였다. 이안눌은 이태백李太白에 비유되는 당대 최고의 문장가이자 문신인데, 그가 이러한 글을 지어 조경에게 보낼 정도였으니, 조경이 차지하고 있었던 의병장으로서의 역할이 작지 않았음을 확인할 수 있다.

조경의 아우인 조성도 형과 더불어 창의하여 많은 전과를 올렸다. 그는 영천 고을에서 병사를 모아 적을 무찔렀고, 이 공으로 군자판관에 제수되기도 하였다. 이후 그는 별시무과에 급제하여 벼슬이 첨절제사에 이르렀다.

조경 · 조성 형제는 임진왜란 당시 창의의 공로를 인정받아 두 사람 모두 원종공신原從功臣으로 책록冊錄되었다. 그리고 임진왜란이 평정되자 두 형제는 영천의 호수 위에 집을 짓고 함께 의병활동을 한 형제들과 같이 기거하며 처사적인 삶으로 일관하였다. 아침부터 밤늦도록 형제들과 경전과 사서를 강론하고 함께 토론하며 연구하는 모습을 본 조호익은 '형제간에 우애로 화락함이 넘친다'는 뜻의 '의락당宜樂堂'이라는 편액을 써서 조경 형제를 치하하였다.

한편, 조호익의 8대 종손인 조경하曺慶夏(1760~1827)는 20대 중반에 무과에 급제한 후 총융청摠戎廳 우사파총右司把摠을 거쳐 절충장군折衝將軍 첨지중추부사僉知中樞府事 겸 오위장五衛將에 임명되는 등 무반武班으로서 당상관의 반열에까지 올랐다. 특히 그는 정조 사망 이후 어지러웠던 시대 상황 아래에서 국가의 기강을 세우고 체제를 수호하는 데 일익을 담당하였으며, 이후 통정대부

通政大夫 행기장현감行機張縣監의 소임을 맡아 그 직임을 성실히 수행하였다.

19세기 말부터 본격화된 제국주의의 침탈에 맞서 조호익 후손들은 의병활동을 전개하며 문중의 전통을 이어 나갔다. 호국의 얼이 살아 있는 충의의 고장 영천을 중심으로 뜻 맞는 여러 애국지사들과 함께 조호익의 후손들은 국가에 대한 헌신과 충절을 되새기고 초개와 같이 목숨을 버리며 충의의 실현에 앞장섰다.

특히 1905년 일본 제국주의에 의해 을사늑약이 강제로 체결되자, 이에 대항하여 영천을 중심으로 고종황제의 측근이었던 정환직鄭煥直이 그의 아들 정용기鄭鏞基와 함께 산남의진山南義陣을 일으켰는데, 거기에 적지 않은 조호익의 후손이 참여하였다. 조호익의 직계 후손뿐만 아니라 충절의 기풍을 간직하고 있던 영천의 창녕조씨 문중의 인사들은 영천 · 영일 · 청송 등지에서 의병으로 활동하며 선조들의 전통을 다시 드높였다. 특히 도포장으로 활약한 조상환曺相煥은 청하지역에서 정환직 의병장이 일본군에 포위되어 체포되자, 군사를 모집하여 의병 부대를 이끌면서 청송 · 안동 · 의성 · 군위 등을 무대로 일본군과 전투를 벌이다가 체포되었다. 이후 일본군은 그에게 전향할 것을 권유하고 그를 앞세워 여러 고을의 의병들을 회유하고자 했지만 끝까지 거부하였다. 그리고 감시하는 일본군을 죽이고 탈출하다가 총격을 받아 군위군 효령장터 뒷산에서 사망하였다.

이러한 지산 문중의 충의 전통은 이후 3·1운동을 통해 다시 한 번 발양하였다. 그리고 조호익의 후손이라는 이름이 부끄럽지 않도록 처신하며 20세기 한국 근대사의 격동 속에서 의병활동과 독립운동에 헌신하였다.

제4장 지산 문중의 문자향과 유품들

한국국학진흥원 유교문화박물관에서는 2002년부터 민간의 소중한 국학 자료를 도난과 훼손으로부터 효율적으로 보호하기 위하여 소장자의 소유권을 보장하고 관리권만 위임받는 기탁에 의한 방식으로 국학자료 조사와 수집 사업을 진행해 오고 있다. 주로 영남의 주요한 문중을 대상으로 조상의 숨결이 담긴 자료를 수집하여 보존하고, 기탁유물 중 주요한 것을 선별하여 기획전을 개최하고 있다.

근 10여 년이 넘게 진행되고 있는 이 사업에 지산 문중은 기꺼이 수백 년간 간직해 온 문중의 소장자료를 기탁하였다. 그리고 4천여 점의 기탁자료 가운데에서 귀중한 자료 70여 점을 선별하여 2007년 10월 24일부터 경상북도 안동에 소재한 한국국학진흥원 유교문화박물관 기획전시실에서 '지초 향기 가득한데 문자향은 그윽하고' 라는 주제하에 '지산 문중 기탁자료 특별전시회'를 열었다.

조호익을 파조派祖로 하는 창녕조씨의 지파支派 가운데 하나인 지산 문중은 조호익의 시호를 따서 문간공파文簡公派라고도 불린다. 기획전을 열 수 있도록 힘을 보탠 집안은 문간공파의 종손가인 지산종택(조호익 후손가)을 비롯하여 방계인 만취당고택 두 집안이었다. 그리고 두 집안에서 기탁한 자료는 고서와 고문서, 목판 등 5백여 년간 집안에서 대대로 보관해 온 소중한 자료들이었다.

1. 문자향 가득한 지산 문중의 서책들

지산 문중이 그동안 간직해 온 유형문화자료는 조호익의 학문적 업적과 어울리듯 수많은 기록문화유산이 대부분을 차지한다. 행여나 잃어버릴까 훼손될까 고이 간직한 지산 문중의 기록문화유산은 조호익의 저술과 문중의 기록 이외에 6백여 년의 세월을 뛰어넘는 소중한 자료들을 포함하고 있어 더욱 소중하다.

하지만 이 자료들은 여러 우여곡절을 거치며 오늘에 이르고 있다. 조호익을 배향하고 있는 도잠서원에서 주로 보관하면서 관리해 오던 귀중한 전적典籍들은 흥선대원군興宣大院君의 서원철폐령에 의해 서원이 훼철되면서 흩어졌고, 그 가운데 일부가 지산종택을 비롯하여 여러 집안으로 옮겨져 현재에까지 이

『지산선생문집』 책판(한국국학진흥원 촬영, 문간공종중 제공)

르고 있다.

조호익은 생전에 적지 않은 저술을 남겼다. 비록 55세에 이르러 그때까지 저술한 글을 모두 불태웠지만, 이후 저술한 글은 그의 후손과 문인을 통해 편찬되었다. 이 가운데에는 비록 생전에 완성을 보지는 못했지만 『주자가례』의 고증을 통해 이루어진 『가례고증』을 비롯하여 교정청당상관으로 임명되었으나 병으로 부임하지 못할 때 저술한 『주역석해』, 문인 김현의 요청에 따라 작성한 『대학동자문답』 등이 있다. 이러한 저술은 조호익의 여러 글과 함께 『지산선생문집』으로 합본되거나 별도로 편찬되어 오늘에 이르고 있다.

1) 지산종택의 고서적

지산종택에 소장된 고서는 총 172종, 642책에 이른다. 이 고서를 사부분류법에 따라 나누면, 경부經部 43종, 사부史部 42종, 자부子部 21종, 집부集部 66종이다. 이 가운데 주요 자료 50종 340책을 판본별로 살펴보면, 활자본 21종, 목판본 27종, 필사본 2종으로 확인된다.

지산종택의 전적 가운데 가장 눈에 띄는 것 중 하나는 우리 역사상 가장 오래 사용한 금속활자인 초주갑인자初鑄甲寅字로 인출한 전적이 상당수 있다는 점이다. 사마천司馬遷의 『사기史記』를 비롯하여 『의례경전통해儀禮經傳通解』, 『자치통감강목資治通鑑綱目』, 『한서漢書』, 『주문공교창려선생집朱文公校昌黎先生集』, 『의례주소儀禮注疏』 등 6종의 서책이 이 활자로 인쇄된 대표적인 문헌이다.

아울러 지산종택의 소장 문헌 가운데에는 조선 초인 세종 때 여러 서책의 편찬 및 번역 사업에 참여한 시·서·화 삼절三絶로 불리는 강희안姜希顔의 글자를 기본으로 만든 동활자인 을해자乙亥字로 찍은 서책도 상당수 있다. 『주례周禮』, 『주례집설周禮集說』, 『부석음주례주소附釋音周禮註疏』, 『주자대전朱子大典』 등이 이에 해당한다.

이 밖에도 성종 15년(1485)부터 사용한 금속활자인 갑진자甲

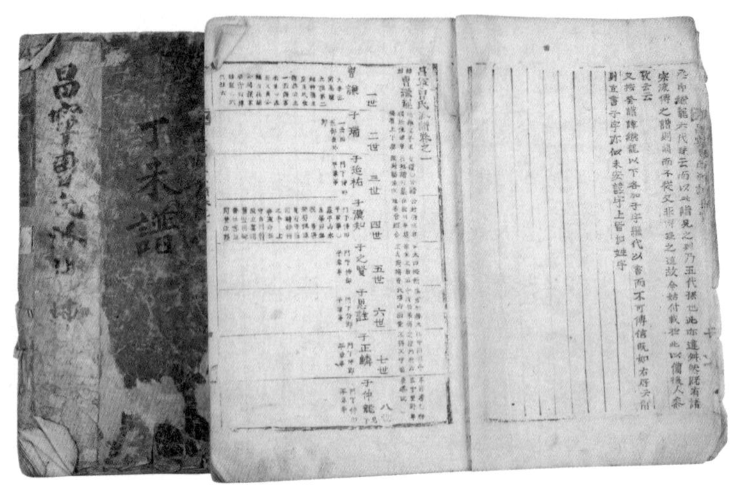

『창녕조씨족보』(정미파보)(한국국학진흥원 촬영, 문간공종중 제공)

辰字로 인쇄한 서책인 『이정전서二程全書』를 비롯한 6종의 서책, 중종 때부터 사용한 병자자丙子字로 간인한 『주자어류朱子語類』, 17세기 이후 사용한 금속활자인 무신자戊申字로 간행한 『잠곡선생유고潛谷先生遺稿』 등이 지산종택에 소장되어 전해지고 있다.

지산종택에는 금속활자 이외에 목활자로 간행한 서책도 다수 소장되어 있다. 임진왜란 전에 사용한 목활자인 갑인자체 목활자본인 『국어國語』를 비롯하여, 훈련도감자본 목활자를 사용해 17세기에 간행한 『춘추호씨전春秋胡氏傳』 1종과 18세기에 간행한 『창녕조씨족보昌寧曺氏族譜』 1종 등이 소장되어 전해진다.

목판본으로 간행한 서책 27종도 지산종택에 소장되어 있다.

그 가운데 8종은 금속활자본을 목판에 뒤집어 다시 새긴 번각본 8종이 포함되어 있어 눈길을 끈다. 총 8종의 번각본 중 3종은 초주갑인자 번각본이고, 1종은 을해자 번각본이며, 중국목판본인 『후한서後漢書』 이외에 중국에서 들여온 책을 번각한 서책도 4종이 포함되어 있다.

필사본인 『도잠서원고왕록道岑書院攷往錄』은 서원이 건립된 때부터 조선 후기까지 서원에서 구입하거나 간행한 서책에 대한 기록 등의 서지학적 내용을 비롯하여 서원의 토지와 노비의 증감, 학전學田 마련을 포함한 각종 제도 정비에 관련한 기록을 풍부하게 담고 있다. 이러한 점 때문에 당시 시대사나 향토사 등을 연구하는 데 적지 않은 의의를 가진다.

이 책은 상하 2책으로 이루어져 있으며, 선조 40년(1607)부터 순조 29년(1829)까지 약 200여 년 동안 서원에서 발생한 내용이 시기별로 상세하게 기록되어 있다. 특히 서원에서 행해진 서적의 유입 및 간행, 구입 등의 기록을 자세하게 기록하고 있어 서원에서 소장했던 장서의 대략을 파악할 수 있으며, 건물의 신축과 보수, 재산, 토지, 노비, 기물 등 서원의 재정과 행사에 대한 기록도 비교적 상세하게 정리되어 있다.

한편, 지산종택에서 소장하고 있는 주요 전적들을 시대별로 구분하면, 15세기에 간행된 것이 11종 71책, 16세기에 해당하는 서책이 23종 214책, 17세기에 간행된 것이 5종 36책, 18세기본이

2종 3책, 19세기본이 1종 2책이다. 대부분의 전적이 15~16세기 판본이라는 점에서 조호익이 이 서책을 소장하고 있었으며 이를 통해 학문에 정진했던 것으로 짐작된다.

지산종택 소장 전적 가운데에는 임금이 신하에게 내려 나누어진 내사본內賜本임을 확인시켜 주는 선사지기宣賜之記가 찍힌 『주자어류』가 확인되지만, 내사인만 있고 내사기가 없어 누가 받았는지는 불분명하다.

아울러 소장된 서책 가운데에는 '지원상芝院上', '도잠상道岑上', '창년세가昌寧世家' 등 장서인과 장서가가 기록된 책이 다수 포함되어 있다. 이러한 표시는 도잠서원 및 종택에서 소장한 책임을 확인시켜 주는 것인데, 특히 '지원상', '도잠상' 이라는 장서인과 장서가의 표시는 『도잠서원고왕록』에 서적과 관련된 기록에 포함되어 있는 내용과 일치하고 있어 서책의 유입과 간행, 그리고 보관과정을 추론할 단서가 된다.

지산종택에 소장된 주요 전적 가운데에는 조호익이 직접 열람했을 것으로 추정되는 『의례경전통해儀禮經傳通解』, 『이학지남吏學指南』을 비롯하여 적지 않은 중국 문헌이 갖춰져 있다. 그리고 『가례고증』 등 조호익의 저술 이외에 17세기 초에 간행된 고려 문신 이규보李奎報의 시문집 『동국이상국후집東國李相國後集』, 서거정 등이 단군조선부터 고려 때까지의 역사 사실을 모아 편찬한 『동국통감東國通鑑』, 정몽주의 시문집인 『포은집圃隱集』, 조선

『선무원종공신록』
(한국국학진흥원 촬영, 문간공종중 제공)

중기 문신인 오운吳澐이 지은 역사서『동사찬요東史纂要』등 우리나라의 문헌이 들어 있다.

우리의 문헌 가운데 임진왜란 때 공을 세워 '선무원종공신'에 녹훈된 사람들에게 내린 녹권인『선무원종공신녹권宣武原從功臣錄券』이 눈에 띈다. 공신에 관한 제반 사무를 관장하기 위해 설치한 관청인 공신도감功臣都鑑에서 발급한 증서에 해당하는 이 녹권은 조호익이 받은 것으로, 발급 받은 사람의 신분과 이름, 그리

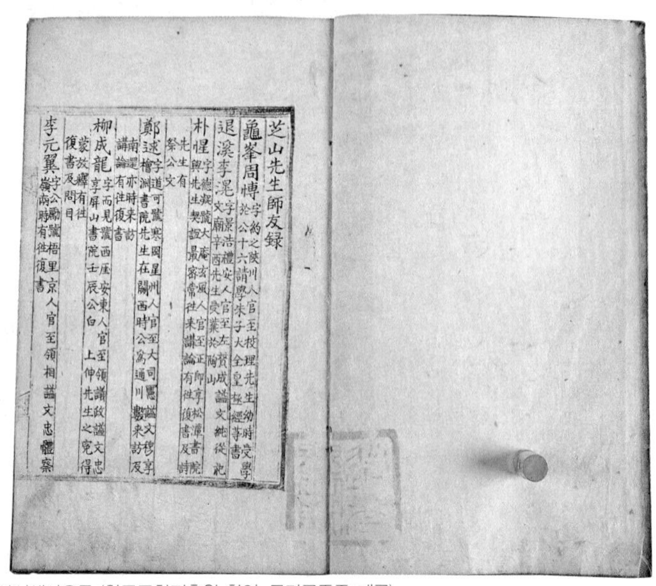

芝山先生師友録

龜峯周博 字約之陝川人官至校理先生幼時受學於公十六請學朱子大全皇極經等書

退溪李滉 字景浩禮安人官至左贊成謚文純從祀文廟辛酉先生受業於陶山

朴惺 字德凝號大庵玄風人官至正郞享松潭書院與先生契誼最密常往來講論有往復書及詩先生有祭公文

鄭逑 字道可號寒岡星州人官至大司憲謚文穆享檜淵書院先生在關西時公爲通川數來訪及南還亦時來訪講論有往復書

柳成龍 字而見號西厓安東人官至領議政謚文忠享屛山書院壬辰公白上伸先生之寃得蒙放釋有往復書及問目

李元翼 字公勵號梧里京人官至領相謚文忠體察嶺南時有往復書

『지산선생사우록』(한국국학진흥원 촬영, 문간공종중 제공)

고 특권 등이 기록되어 있다.

조호익의 학문적 연원과 영향력을 확인할 수 있는 전적도 지산종택에 소장되어 있다. 조호익이 학문적으로 교유한 스승과 친구 관계를 정리한 필사본 『지산선생사우록芝山先生師友錄』과 이 책 뒷부분에 수록된 제자들의 명부인 『지산선생문인록芝山先生門人錄』이 그것이다.

『지산선생사우록』에는 초년 스승인 주박周博을 비롯한 여러 학자들의 성명과 자, 본관, 배향 서원, 조호익과의 학문적 인연,

학문을 수수한 내용 등이 정리되어 있다. 이 사우록에는 주박 이외에 이황, 박성, 정구, 류성룡, 이원익, 정곤수, 김성일 등 97명이 기록되어 있다. 사우록의 권말에 해당하는 문인록에는 이시직, 김홍우, 박대덕, 김홍효, 김육, 정사진 등 조호익에게서 수학한 관서, 한양, 영남 지역의 제자 52명의 명단이 사우록과 동일한 형식으로 정리되어 있다.

2) 만취당고택의 고서들

조호익의 방계 후손 조학신의 고택인 만취당고택에 소장된 주요 전적은 약 110여 점이다. 그리고 조학신과 가족이 받은 29점의 교지도 현전하고 있다.

만취당고택 소장 전적 가운데 눈길을 끄는 것은 임금이 신하들에게 내려 나누어 준 책인 내사본內賜本 11종이 포함되어 있다는 점이다. 별군직別軍職과 관련된 임금 정조의 「제어전친막제명첩題御前親幕題名帖」과 정조의 어필御筆인 「어전친비직려御前親裨直廬」, 그리고 영조 52년(1776)부터 순조 31년(1831)까지의 「제명題名」을 합철하여 간행한 제명첩題名帖인 『어전친막제명첩御前親幕題名帖』을 비롯하여 정조가 영조를 종묘의 불천위인 세실世室로 높이고 반포한 윤음인 『유입정종친문무백관윤음諭入庭宗親文武百官綸音』, 1783년 호남지방에 흉년이 들어 이를 구휼하고자 부세

金吾座目

관직	성명	생년·자	입격	본관
通訓大夫行義禁府都事	任晃周	庚寅 仲章	甲戌司馬	豐川人
義禁府都事奉列大夫	沈煥之	庚戌 輝遠	壬午司馬	青松人
啓功郎行義禁府都事	吳在文	癸亥 聖章	戊子司馬	海州人
通訓大夫行義禁府都事	曹學臣	壬子 心夫	辛巳武科	昌寧人
朝散大夫行義禁府都事	尹 詠	乙巳 舒仰	庚午司馬	坡平人
義禁府都事朝奉大夫	鄭得愉	壬子 聖謙	壬午司馬	東萊人
義禁府都事朝散大夫	尹翊烈	壬子 士獨	己卯司馬	海平人
義禁府都事朝奉大夫	李商夢	壬子 聖賚	己卯司馬	完山人
義禁府都事通德郎	李 璨	戊申 文玉	壬午司馬	延安人
通德郎行義禁府都事	金 愚	庚戌 明之	癸酉司馬	光山人

戊子 月 日

『금오좌목』(한국국학진흥원 촬영, 문간공종중 제공)

감면 조치를 내린 윤음인 『유호남민인등윤음諭湖南民人等綸音』 등이 이에 해당한다.

만취당 소장 서책 중 가장 주목할 것은 영조 44년(1768) 당시 의금부도사로 재직하고 있는 사람의 명단을 적은 책인 4종의 『금오좌목金吾座目』이다. 1면에는 모임을 갖는 모습을 묘사한 「계회도契會圖」가 채색 그림으로 수록되어 있고, 이어 '금오좌목' 이라고 하여 관원 10명의 명단이 기재되어 있다. 품계品階, 관직, 성명, 생년, 자字 등이 차례로 일목요연하게 기재되어 있으며, 급제자의 경우에는 과거를 본 연도, 종류, 본관 등이 순서대로 기록되어 있다.

4종의 『금오좌목』은 대체로 구성과 명단의 기재 형식이 동일하지만, 수록된 「계회도」에서는 미세한 차이가 있다. 일반적으로 계회도는 그려진 후 참여자들끼리 각각 나누어 간직하기 때문에 대개 한 집안에 1책 정도가 확인되는데, 이때 각각 참여자들이 서로 다른 내용을 기입한다. 조학신은 1767년부터 1768년 사이에 의금부도사로 재직하면서 4차례의 인사이동이 있어서 4종의 서로 다른 내용의 책이 만들어져 소장한 것으로 추정된다. 이러한 점에서 이 자료는 계회도의 성립과 배포 등의 연구에 소중한 자료가 될 것으로 보인다.

이 밖에도 만취당고택에는 조학신이 여러 관직을 역임하면서 만들어진 여러 지역의 관안이나 지지류, 군사, 축성에 관련된

『좌도내각읍수령변장관안』(한국국학진흥원 촬영, 문간공종중 제공)

기록이 다수 소장되어 있다. 대표적으로 전라도 감영監營 및 전라도 내에 소재하는 각 직임職任들의 명단을 적은 『도내관안道內官案』, 경상좌도 내의 부윤府尹, 부사府使, 현감縣監, 판관判官, 군수郡守, 찰방察訪, 첨사僉使, 만호萬戶 등의 성명과 품계, 도임到任 일시를 기록해 놓은 『좌도내각읍수령변장관안左道內各邑守令邊將官案』, 경상좌수영 영리들의 성명과 본적을 적어 놓은 『기해이월일영리관안己亥二月日營吏官案』 등이 남아 있다. 이러한 서책은 향후 이 분야를 연구하는 데 소중한 자료로 이용될 것이다.

만취당은 조호익 사후 여러 후손 가운데 가장 현달했던 인물 중 한 사람이었던 만큼 만취당에는 지산 문중의 선조와 관련된 필사본 고서도 적지 않게 간직되어 있다. 19세기 말 이후에 만들어진 것으로 추정되는 조호익의 증조부인 정우당 조치우(1459~1527)의 실기인 『정우당선조실기淨友堂先祖實記』, 20세기 초반인 1906년에 조학신의 현손인 조병문이 창녕조씨 선조와 관련된 각종 기록을 모아 편찬한 『세덕록世德錄』이 대표적이다.

2. 세월의 흔적이 담긴 고문서와 유물들

문자향 가득한 수많은 고서를 소장하고 있는 조호익의 문중은 적지 않은 고문서와 유물 또한 소장하고 있다. 특히 지산종택은 지난 수백 년의 세월 동안 한 번의 이동도 없이 옛터를 지켜왔고, 지산 문중 또한 조호익의 학문과 충절을 계승하면서 우리 역사와 함께 영욕을 함께해 온 만큼 문중에는 조호익과 조호익의 선조 및 후손, 그리고 주변 문인들이 남긴 수많은 고문서와 유물이 남아 있다.

조호익의 학문이 고스란히 담긴 『지산집』이 수차에 걸쳐 간행된 만큼 지산 문중에는 이와 관련된 목판이 남아 있다. 특히 지산종택에는 1883년 『지산집』을 비롯한 관련 서책을 중간할 때 쓰였던 목판이 하나의 결본도 없이 온전히 보관되어 오고 있다. 『지산집』 목판(20.8×50.5)을 비롯하여 『역상설』 목판(20.7×48.5), 『심경질의고오』 목판(21.2×51.0), 『가례고증』 목판(21.0×50.0), 『대학동자문답』 목판(21.0×51.0) 등 조호익 관련 저술의 모든 목판이 갖춰져 있어 조호익에 대한 후손과 문인들의 숭모열崇慕熱을 확인할 수 있다. 이 밖에도 조호익의 후손인 치재 조선적의 『치재집』 목판(21.0×47.8), 그의 아들 둔암 조덕신의 『둔암집』 목판(19.5×50.5)도 소장되어 있다.

또한 조호익의 생생한 목소리와 교유 관계를 확인할 수 있는 간찰簡札도 다수 소장하고 있다. 퇴계문하에서 함께 수학하며 교유한 우복 정경세의 간찰을 비롯하여, 한강 정구, 서애 류성룡 등의 간찰은 물론이거니와 당시 교유한 이원익, 문인 김육 등의 간찰도 눈으로 확인할 수 있다. 이 가운데 류성룡이 둘째 아들의 상사喪事에 조호익이 조문한 데 대해 감사의 뜻을 담아 보낸 간찰의 내용은 아래와 같다.

> 가문이 불행하여 상화喪禍가 끊이지 않습니다. 작년 4월에 작은아들이 요절하여 슬픔과 괴로움을 감당할 수 없었습니다. 세전에 이미 장사를 끝내고 쇠약한 목숨을 간신히 지탱하고 있는데, 뜻밖에 존자尊慈(조호익을 가리킴)께서 멀리 내리신 위문편지를 받으니 지극한 슬픔과 감사에 무슨 말씀을 드려야

『지산선생종유제현왕복서독』(한국국학진흥원 촬영, 문간공종중 제공)

서애 류성룡 간찰(『지산선생종유제현왕복서독』)(한국국학진흥원 촬영, 문간공종중 제공)

書

來書用啓字此自中國禮
文我國則啓字不敢施
用五禮儀代用白字幸
參考

成龍頓首私門不幸喪禍連
仍去年四月小子夭絶摧痛
酸苦不自堪忍歲前葬事
已畢衰喘僅支不意
尊慈遠垂慰問哀感之
至不知所喩徃年在草
土中亦蒙
臨慰迫切感懷豈敢弛忘
特路遠無便未得申謝耳
每念昔年與
令公相從於患難之中今俱
衰病人事廢絶相望數
百里外再無瞻拜之路徒
付一嘆而已春氣向暖惟望
靜履若序萬重眼暗不能
操筆已久代草不宣謹狀
丙午正月十一日 柳成龍
東牧使 座前

할지 모르겠습니다. 왕년에 제가 친상을 당했을 때 직접 와서 위문하신 데 대한 감사 또한 감히 잊을 수 있겠습니까? 다만 길이 멀고 인편이 없어 고마움을 표하지 못했을 뿐입니다. 옛날 영공과 함께 환난 중에 함께 고생하던 것을 늘 생각합니다. 지금은 모두 늙고 병들어 인사도 끊어지고 수백 리 밖에서 서로 그리워할 뿐 다시 만날 길은 없습니다. 모두 한번 탄식에 부칠 뿐입니다. 봄기운이 따뜻해지는데 오직 정양 중에 건강하시기 바랍니다. 눈이 어두워 붓을 못 잡은 지 이미 오래되어 대필시키기에 이만 줄이고 삼가 편지를 올립니다.

간찰 이외에, 조호익 사후 문인들이 작성한 제문들과 1636년 평안도 성천의 용천서원에서 도잠서원에 조호익과 정구의 배향 위치에 대한 의견을 담아 보낸 통문을 비롯하여, 1861년 조호익에 대한 증직이 낮고 시호도 내려지지 않은 것과 관련한 영천 유림의 비통함이 담긴 통문 등 고문서도 적지 않게 남아 그 내용을 확인할 수 있다.

조호익 사후에 문인들이 주축이 되어 증직과 시호를 조정에 끊임없이 요청하였고, 사후 350여 년이 지나 그에게 증직과 증시가 이루어졌던 만큼 이와 관련된 고문서도 적지 않게 남아 있다. 인조 4년(1626)에 문인들이 조호익에게 시호를 내려 줄 것을 청하는 상소의 초본이 온전히 보전되어 있으며, 19세기에 접어들어

당초 조정에서 내린 시호 '정간'이 이후 '문간'으로 바뀌어 내려진 것과 관련된 사간원의 「증시망단贈諡望單」 2점과 「증시교지贈諡教旨」도 남아 있다. 그리고 조호익 이외에 조호익의 첫째 부인 허씨와 둘째 부인 신씨에게 각각 '정부인貞夫人'의 증직을 내린 증직교지도 온전한 형태로 보관되어 있다.

지산가에는 조호익 이외에 후손과 관련된 고문서도 적지 않게 남아 있어 지산가의 영화榮華를 확인할 수 있다. 조호익의 6대손인 조학신의 관직이 높아짐에 따라 조정에서 그의 3대조인 조수창과 부인 신씨, 조부인 조익천과 부인 박씨 등에게 내린 증직교지 등이 이에 해당하는데, 그 보존 상태가 매우 좋아 후손들의 선조에 대한 외경畏敬과 존모尊慕의 마음을 엿볼 수 있다.

이 밖에도 지산 문중에서는 과거에 급제한 후손들이 받은 홍패紅牌, 관직을 제수한 임명장에 해당하는 교지教旨, 과거시험의 답안지인 시권試券도 보관하고 있으며, 문중의 결속을 확인할 수 있는 파보派譜, 종계완의宗契完議 등 문중과 관련된 자료도 소중히 간직하고 있다.

아울러 지산 문중에는 유서 깊은 유품들도 다수 보관하고 있다. 19세기의 생활상을 확인할 수 있는 호구단자, 호패號牌, 인장印章, 휴대용 먹물통 등이 남아 있으며, 종정도 놀이에 쓰였던 윷목과 종정도판從政圖板, 베갯잇 등에 문양을 새길 때 사용했던 능화판菱花板도 몇 점 전해지고 있다. 몇 점의 능화판은 베갯잇이 아니라 책을 만들 때 표지에 문양을 넣을 목적으로 만들어진 것이고, 더구나 '도잠서원장' 이라는 글자가 새겨져 있어 그 용처를 확실히 확인하게 해 준다.

생활 유품으로는 조선시대 때 주로 무관들이 착용하던 주립朱笠과 흑립黑笠이 온전하게 보관되어 있다. 현재 전해오고 있는 주립과 흑립의 사용자가 조학신이어서 18세기 갓의 형태를 확인할 수 있다.

제5장 지산종가의 제례와 건축문화

1. '선생할배제사'로 치러지는 불천위 제례

4대봉사奉祀의 원칙과 상관없이 천년만년 제사를 받을 수 있는 신위神位를 일컫는 '불천위不遷位'는 해당 가문과 후손들에게 자긍심의 원천이 되어 왔다. 고려 말부터 시작되어 조선조에 이르러 본격화된 불천위는 해당 인물이 생존 시에 이룩한 탁월한 업적과 이에 따른 지위를 국가적으로나 사회적으로 높이 평가 받아야 할 뿐만 아니라 학행과 덕행도 함께 갖춰야 한다는 점에서 해당 가문의 위상을 가늠하는 기준이 되었다. 따라서 불천위를 모신다는 것은 단순히 조상숭배의 차원을 넘어서 위대한 선조를 가졌다는 영예를 안겨 주었고, 동시에 그것은 문중 성원들의 단결과 구심점 역할을 담당해 왔다.

조호익도 영남의 대표적인 불천위 인물 중 한 분이다. 현재 지산종가에서는 조호익의 불천위 제례를 '선생할배제사' 라고 부르며 지내 오고 있다. 이렇게 불러도 문중 사람들이 모두 조호익의 불천위 제사인 줄 알기 때문에 자연스럽게 '선생할배제사' 라 부르며 매년 불천위 제사를 모시고 있다.

조호익을 불천위로 모시게 된 것은 조호익 사후에 문인들이 그의 학문과 덕행을 추모하기 위해 서재 뒤에 묘우廟宇를 건립하고 위패를 봉안한 '지봉서원芝峰書院' 의 사액과 깊은 관련이 있다. 서원 건립 후 조호익을 배향한 서원에서는 숙종 4년(1678)에 이르러 사액을 요청하는 상소를 올렸고, 이에 숙종이 '도잠서원' 이라 사액하고 사제문을 내렸다. 이에 따라 유림들이 공인하는 가운데 지산 문중에서는 자연스럽게 조호익을 불천위로 모시게 되었다. 그리고 철종 대에 이르러 조호익에게 '정간貞簡' 의 시호가 내려지고, 이후 '문간文簡' 으로 고쳐 내려짐에 따라 불천위로서의 위상은 더욱 공고해졌다.

불천위 인물로 추대되고 불천위 제례를 모신다는 것은 문중 내에 새로운 파가 창설되고 종가가 형성되었음을 의미한다. 조호익의 후손들도 조호익의 시호를 따서 문간공파文簡公派로 분립하였고, 종가를 형성하여 불천위를 모시는 사당을 갖췄다.

지산고택의 사당은 정침의 동북쪽 언덕에 자리 잡고 있는데, 2014년 현재 보수공사가 진행 중이다. 사당 안에는 원래 4대조의 신위와 불천위의 신주가 함께 모셔져 있었는데, 현재 종손의 조부가 사망하면서 남긴 유언에 따라 4대조의 신위는 조매祧埋하고 불천위 위패만 모시고 있다. 조호익의 불천위 위패에는 다음의 글이 종서되어 있다.

顯先祖考 贈資憲大夫吏曹判書兼知義禁府事成均館祭酒五衛都摠管 諡文簡公行通政大夫定州牧使府君

원래 조호익의 불천위 제례는 지산고택이 있는 영천의 신광리에서 이루어졌다. 하지만 현재 종손의 조부가 제사를 모시던 때인 30여 년 전부터 거주지인 대구로 옮겨 지내다가, 현재는 종손 조용호(1955년생)가 살고 있는 경주에서 지내고 있다. 영천의 종택에서 불천위 제례를 지내기가 여의치 않아 종손의 생활근거지인 경주에서 모시게 된 것이다. 하지만 제일祭日이 되면 영천을 비롯하여 대구 등지에서 제관祭官들이 꾸준히 참사參祀하고 있으며, 종중宗中에서는 일정액의 제수비용을 지원하고 있다.

현재 종택이 머물러야 할 지산고택은 비어 있고 제사를 준비하는 인력도 과거에 비해 부족하지만 조호익의 불천위 제례는 정해진 절차에 따라 정해진 날에 지내고 있으며, 복식과 음식뿐만 아니라 문식文飾도 원래 정해진 원칙을 따르고 있다. 지산고택의 사당에서 출주하여 제사를 지내는 형식이 생략된 점을 제외하고는 오늘날에도 변함없이 종손과 문중을 중심으로 이어 오고 있다. 이러한 점에서 조호익의 불천위 제례는 종손이 주도하는 가운데 문중의 인적 · 물적 자원을 지원받으며 지금도 유지 · 계승되고 있는 셈이다.

1) 제사의 준비

조호익의 불천위 제례는 과거와 크게 달라진 것이 없다. 지산고택은 400여 년간 그 자리에 그대로 자리 잡고 있고, 사당은 화재나 자연 재해에 훼손된 적이 없다. 역사적 격랑 속에서도 불천위 제례는 변함없는 공간을 바탕으로 끊이지 않고 이어져 왔다.

조호익의 제일祭日은 음력 8월 18일이며, 배위配位인 정부인 허씨와 신씨의 기일은 각각 음력 4월 25일과 음력 4월 28일이다. 그리고 기일마다 각각 합설合設로 모시고 있다.

대체적으로 조호익의 불천위 제례에 금기시되는 제수는 일반 기제사와 동일하다. 고춧가루, 후춧가루와 같이 자극이 강한 양념을 사용하지 않고, 꽁치나 갈치와 같이 '치' 자가 들어간 생선도 사용하지 않으며, 복숭아와 키위같이 털이 많은 음식도 전혀 쓰지 않는다.

제물祭物은 과일 · 나물 · 탕 · 적 · 메 · 갱을 기본으로 하고, 포 · 해 · 면 · 편 · 자반 등을 갖춘다. 불천위 제례에만 사용하는 특별한 제수는 없으며, 다른 기제사보다 규모가 성대하다는 것 외에는 일반 기제사와 차이가 없다.

과일은 8품을 준비하는데, 대추 · 밤 · 배 · 감을 기본으로 하고, 계절에 맞추어 네 가지 과일을 더한다. 나물은 삼색나물을 기본으로 산채山菜, 소채蔬菜 등 세 가지 이상을 쓰며, 포와 해 모두 사용한다. 탕은 어탕, 육탕, 소탕 등 세 가지 탕을 쓰며, 도적을 올린다. 도적을 쌓을 때는 바다와 땅과 하늘에서 나는 순서에 따라 맨 아래에 어물을 놓고, 다음에 육류를 놓으며, 맨 위에는 조류를 놓는다. 조류는 원래 봉鳳이라고 하여 꿩을 올렸지만, 현재는 닭을 사용한다. 가적加炙으로 아헌 때에는 계적, 종헌에는 어적을 올린다. 면과 떡을 함께 사용하는데, 떡은 본편, 부편, 잡과, 전, 조악 등 다섯 가지 이상을 대략 30~40센티미터 정도로 쌓는다. 과거에 비해서는 많이 낮아진 편이다. 고기는 익혀서 사용하지만, 『예기』의 "지극히 공경하는 제사는 맛으로 지내는 것이 아니고 기와 냄새를 귀하게 여기는 까닭에 피와 생육을 올린다"는 것에 따라 향사享祀를 지낼 때에는 '혈식군자血食君子'라 하여 생고기를 사용한다.

위와 같이 제수를 비롯한 제례에 소요되는 경비를 위해 집안에서는 위토를 마련하여 운영해 왔다. 그러나 이 토지의 수익금은 경작비용과 세를 치르고 나면 남는 것이 거의 없다고 한다. 과거에는 도잠서원 측에서 제례 비용을 일부 지원하기도 하였지만,

현재는 종가에서 대부분 부담하고 문중에서 제례 비용의 일부를 지원하고 있다.

불천위 제례에 사용하는 제기祭器는 원래 유기鍮器였지만, 일제강점기 때 공출 당하여 모두 없어져 다시 마련하였다. 하지만 이것마저도 도난 당하여 현재는 목기木器를 사용하고 있다. 이 때문에 불천위 제례와 4대조 기제사의 제기를 따로 구별하지 않고 함께 사용하고 있다.

요즘에는 종손의 거주지인 경주 시내에서 지내지만, 본래 지산고택의 사랑채 대청에서 불천위 제사를 모셨다. 예전부터 앙장仰帳이나 역막帟幕을 사용하지 않았으며, 제청祭廳에 병풍을 펴고 그 앞에 교의交椅를 두고 고족상高足床을 배설한다. 제상의 앞에는 향상香床을 두고 그 위에는 향로와 향합香盒을 둔다. 향안香案의 왼편에는 축판祝板을 두고, 오른편에는 주가를 두며, 앞에는 모사기茅沙器, 퇴주기退酒器를 둔다. 그리고 큰제사에만 제청의 앞에 제관祭官이 손을 씻는 관세위盥洗位를 배설한다.

제례에 참가하는 인원은 대략 15~20여 명이다. 대부분 문중 사람들이다. 유림이나 문인의 후손들 가운데에는 참사자가 거의 없으며, 간혹 외손外孫이 참사하는 경우는 있다.

제례의 복장은 주인을 비롯하여 집례, 축관, 헌관 등 집사자執事者들이 모두 도포에 유건儒巾을 착용한다. 일반 참사자들도 두루마기를 착용하는데, 간혹 양복을 입고 오는 경우에도 따로 제재하지는 않는 융통성을 보인다.

제일이 되어 제관이 모이면 모두 둘러앉아 그날 예식의 집사를 분정한다. 이때 문장門長과 문중의 여러 어른, 종손이 함께 논의해 구두로 집사를 분정하고 집사분정기執事分定記를 따로 작성하지는 않는다. 집사자는 연고年高와 항고行高를 따져 정하는데, 아헌亞獻은 초헌관의 아내인 주부가 맡으며 종헌은 문중의 어른이 맡고, 외부 참사자가 있을 때는 외빈이 종헌관이 되기도 한다. 또 축관과 집례는 나이와 항렬을 참고하여 제례에 경험이 많고 식견이 있는 사람에게 맡긴다. 그 외에 알자謁者, 진설, 봉작, 전작, 사준의 집사는 참사자의 면면을 보아서 적절히 배분한다.

만약 제사를 앞두고 제주祭主가 상喪을 당하면 차종손이나 집안의 어른이 주인이 되어 축문을 읽지 않고 술을 한 잔만 올리는 무축단헌無祝單獻으로 간략히 제례를 행하고, 이때 주인은 여막에 있다가 사신재배辭神再拜만 한다. 참석 대상인 제관이 상을 당했을 때에는 자발적으로 참사하지 않는 것을 원칙으로 하고 있다.

2) 제사의 절차

과거에 조호익의 불천위 제례는 그 진행 순서를 적어서 낭독하는 기록인 홀기笏記를 사용하여 진행하였다. 하지만 제관이 줄었고, 중간에 홀기를 유실했기 때문에 현재는 사용하지 않는다. 또한 종택에서 출주하여 모시지 않기 때문에 출주고유문出主告由文도 없으며, 제관록과 참사록도 따로 기록하지 않는다.

제사를 지내는 시간은 파재일罷齋日 저녁 9시경이다. 제상을 놓고 제구가 갖추어지면, 제수를 진설한다. 과거에는 소과蔬果만 진설하고 출주한 뒤에 메와 갱, 탕, 적 등을 진찬하였는데, 현재는 헌적을 제외한 모든 제수를 진설한 뒤에 바로 분향강신焚香降神한다. 진설은 먼저 과일을 놓고 마지막에 메와 갱, 잔반을 놓는다.

지방을 써서 제사를 지내는 경우에는 일반적으로 참신에 앞서 분향강신례를 먼저 행한다. 지산종택에서도 향을 피워 혼魂을 부르고, 제상에 놓인 잔을 내려 술을 받아 모사기에 붓는 강신례를 행하여 백魄을 모신 뒤에 참사자 전원이 참신례를 행하고 있다.

1차 진설에 모든 제수를 올렸기 때문에 이어서 진찬 없이 '초헌례初獻禮'가 이어진다. 일반적으로 초헌례는 헌작獻爵, 제주祭酒, 진적進炙, 독축讀祝, 재배再拜의 순으로 진행된다.

좌집사가 주인에게 고위의 반잔을 건네고, 주인이 받으면 우집사가 그 잔에 술을 따르는데, 초헌관인 주인은 제주하지 않고 바로 신위 앞에 올린다. 합설로 지내기 때문에 고비위 3위의 잔을 차례로 올린다. 이어서 진적이 이어지는데, 도적을 이미 올려놓았기 때문에 따로 가적을 올리지는 않는다. 메 뚜껑은 종헌을 마치고 삽시정저插匙正箸할 때 열기 때문에 아직 벗기지 않으며, 제관과 참사자들이 부복하면 축관이 주인의 왼쪽에 나아와서 축문을 읽는다.

축문은 옛날부터 사용하던 것을 그대로 이어 와 제례 때마다 간지만 바꾸어 사용하고 있는데, 그 내용은 아래와 같다.

維歲次 ○○ 孝玄孫 ○○ 敢昭告于
顯先祖考 贈資憲大夫吏曹判書兼知義禁府事成均館祭酒五衛都
摠管 諡文簡公 行通政大夫定州牧使府君 歲序遷易 諱日復臨
追遠感時 不勝永慕 謹以淸酌庶羞 恭伸奠獻 謹奉
顯先祖妣 貞夫人許氏
顯先祖妣 貞夫人愼氏 配 尙
饗

유세차 모일에 효현손 ○○는 감히 현선조고 증자헌대부 이조판서 겸지의금부사 성균관 좨주 오위도총관 시문간공 행통정대부 정주목사 부군께 밝게 아룁니다. 해가 바뀌어서 기일이 다시 돌아옴에 시간이 지날수록 느껴워 길이 사모하는 마음을 이길 수가 없습니다. 삼가 맑은 술과 여러 가지 음식으로 공경히 제사를 올리며, 삼가 현선조비 정부인 허씨와 현선조비 정부인 신씨를 함께 모시오니, 부디 흠향하시옵소서.

참사자들이 전원 부복한 가운데 축관이 축문을 다 읽고 제자리로 돌아가면, 주인은 일어나 신위를 향하여 두 번 절하고 제자리로 돌아간다. 주인이 물러나면 집사자들이 반잔을 내려 퇴주기에 술을 비우고 다음의 아헌례를 준비한다.

두 번째로 술을 올리는 과정은 '아헌亞獻' 이다. 아헌관인 주부가 향안 앞으로 나아오면 집사자가 잔반을 내려서 헌관에게 주고 여기에 술을 따른다. 헌관은 초헌 때와 마찬가지로 제주 없이 잔반을 집사자에게 돌려주고 집사자는 원래의 자리에 술잔을 모신다. 아헌의 가적으로는 계적鷄炙을 사용한다. 헌적을 마치면 아헌관인 주부가 일어나 신위를 향하여 두 번 절하고 제자리로 돌아간다. 헌관이 물러나면 집사자가 잔을 물려 퇴주하고 잔반을 제자리로 돌린다. 이렇게 하여 아헌의 예를 마무리한다.

'종헌終獻' 은 아헌과 동일한 과정으로 진행하는데, 종헌의 가적은 어적魚炙을 사용한다. 종헌의 잔은 내려서 퇴주하지 않고 그대로 둔다.

신에게 음식을 드시도록 권하는 절차인 '유식侑食' 은 첨작과 삽시정저로 구성된다. 첨작은 음식을 권하는 의미에서 종헌의 잔에 술을 가득 채우는 절차이다. 집사자가 고비위의 잔에 술을 세 번 나누어 더하고, 이어서 메 뚜껑을 열고 식사를 하시라는 의미로 메에 숟가락을 꽂고 젓가락을 시접기에 가지런히 놓는다.

합문闔門은 신이 편안히 식사하도록 방문을 닫고 제관이 물러나는 것이다. 지산종택에서는 제청의 문을 닫고 제관이 방 밖에서 부복하며 대기한다. 축관의 헛기침 소리를 신호로 개문하는데, 지산종택에서는 한 끼 식사를 할 수 있는 시간을 기준으로 축관이 속으로 백서른 번 정도 헤아린 다음 개문한다.

축관이 신이 식사를 마쳤음을 알리면, 이어서 국그릇을 내리고 숭늉을 올리는데, 지산종택에서는 미리 따뜻한 숭늉을 준비해서 올린다. 숭늉을 올린 뒤에 거기에 숟가락을 걸쳐 놓고 제관들은 신이 숭늉을 드실 동안 국궁하며 대기한다. 30초에서 1분 정도 뒤에 축관이 다시 기침 소리를 내면, 숟가락을 내리고 젓가락은 끝을 모아 식사가 끝났음을 알린다.

수저를 내린 뒤에 고이성례를 행하지 않고 사신 재배하며, 이어서 지방과 축문을 태우고 제상을 치우는데, 철상의 순서는 진설과 반대이다. 고이성례를 행하지 않는 것은 과거와 달리 현재에는 예를 많이 줄였기 때문에 예를 다하지 못하였다는 마음에 차마 하지 못하는 것이라고 한다.

종손에게만 별도의 음복상을 내는데, 과일과 술을 먼저 하고 밥은 나중에 낸다. 다른 참사자는 따로 음복상을 차리지 않고 함께 음복하며 밥은 비비지 않고 각자 원하는 대로 먹을 수 있도록 준비한다.

3) 제사의 의미

조호익의 불천위 제례는 문중 후손들이 조상에 대한 긍지를 이어 가는 자리의 기능을 다하고 있다. 조호익이 이루어 놓은 학문과 충절을 되새기고, 이를 통해 후손들은 그 정신을 반추하고 조상에 대한 자긍심을 키워 가고 있다.

아울러 조호익의 제례는 문중과 그 자손이 화합하는 장으로서 그 역할을 다하고 있다. 조호익의 후손들은 '선생할배제사' 라는 명칭을 공유하면서 불천위 선조를 중심으로 화합하며 우의를 다진다. 현재의 여건 때문에 종택이 머물러야 할 지산고택에서 제사를 모시지는 못하지만, 제일마다 원거리를 멀다 하지 않고 제관이 모인다. 그리고 참사자들은 이를 통해 서로의 동질감을 확인하고, 종가와 불천위 제례에 조금이라도 힘이 되려는 다짐을 거듭하며 조호익의 후손으로서 화합의 장을 마련한다.

조호익의 불천위 제례는 후손 각자에게 자신의 참삶에 대해 고민하게 하고 이를 바탕으로 삶의 지향점을 되새겨 보는 다짐의 자리로서의 역할도 다하고 있다. 불천위 조상은 단순히 긍지의 대상으로서 기능하는 것이 아니라 오늘을 사는 후손들에게 자신이 가야 할 길을 제시하는 등불과 같은 역할을 한다. 따라서 조호익의 불천위 제례는 조호익이 보여 준 삶의 길을 살펴서 오늘의 자신을 만들어 가는 계기로 삼게 한다.

과거 조호익이 불천위로 추대된 때와 비교하여 보면 오늘날은 그 시대 환경이 바뀌었다. 따라서 제례도 변화를 맞이하였다. 제례의 주인인 종손이 삶의 거처를 지산고택에서 경주로 옮김에 따라 제례의 공간은 종손의 거주지로 옮겨졌고, 제관들이 많이 참석할 수 있는 시간을 고려하여 시간도 자정 무렵에서 초저녁으로 변화했다. 참여하는 제관의 수도 줄었으며, 제수도 조금씩 줄여 가고 있다. 여기에 더하여 절차도 간소화한 측면이 없지 않다. 하지만 종손은 그러한 가운데에서도 전통에 입각하여 제례를 모시려고 최선을 다하고 있다.

2. 선비정신이 오롯이 담긴 지산가의 건축물

1) 조호익의 유지가 깃든 지산고택

'지산고택'은 강동에서의 오랜 유배생활을 마치고 영천으로 거처를 정한 조호익이 생애 마지막을 보낸 도잠서원의 터에서 1킬로미터 떨어진 곳에 자리 잡고 있다. 현재 대창면 신광리 지일동 마을의 야트막한 산 아래에 남동향으로 고즈넉이 자리를 잡고 있으며, 세월의 풍파를 이겨 내고 지금도 오롯이 조호익의 풍모를 전하고 있다.

당초 조호익은 영천으로 돌아와 자신의 거처를 서쪽인 도촌陶村에 정하였다. 하지만 도촌은 관도官道와 가까워 일찍부터 조

지산고택(연구팀 촬영분)

용한 지역으로 옮겨 살고자 하는 자신의 뜻과 맞지 않았다. 그래서 조호익은 몇 년에 걸쳐 문인들과 영천의 여러 곳을 둘러보다가 4년이 지난 1603년(선조 36)에 이르러 고을 소재지로부터 남쪽으로 30리 되는 오지산五芝山 아래 지산촌에 살 곳을 정하고 집을 지어 이사하였다. 이때 조호익이 짓고 말년을 보낸 집은 현재 도잠서원 인근이다. 이곳에 터를 잡아 집을 지은 후에 조호익은 당堂을 '졸수당拙修堂', 서재를 '완여재翫餘齋', 그리고 정자를 '망회정忘懷亭'이라고 편액하였다.

현재의 지산고택은 이후 그의 후손들이 조호익의 유지를 받들어 도잠서원의 옛 집터와 이웃한 곳에 지은 집이다. 그래서 '지산고택'은 옛 '고古' 자의 '고택古宅'이 아니라 연고를 의미하는 '고故' 자를 쓰는 '고택故宅'이라 명명되어 있다. 여느 종택의 규모에 비해 아담하고 소박한 배치 구성을 하고 있어 담백하면서도 절도 있었던 조호익의 풍모를 고택의 구성에서도 확인할 수 있다.

지산고택은 평평한 대지에 一자형 안채, ㄴ자형 사랑채, 그리고 一자형 고방채가 트인 ㅁ자 형태로 이루어져 있다. 집의 전면과 좌측면으로 토석담을 둘렀으며, 살림집 우측 뒤의 높은 곳에 사당이 자리하고 있다.

대문을 통해 들어가 마주하게 되는 사랑채는 정면 4칸, 측면 4칸의 ㄱ자 맞배지붕이다. 막돌허튼층쌓기 기단의 바닥을 흙바

닥으로 자연석 초석礎石을 놓았으며, ㄱ자 외부 쪽 전면과 측면에는 둥근기둥을 사용하였다. 대청의 상부는 삼량가三樑架로 들보 위에 초각草刻 장식이 있는 원형판대공圓形板臺工을 세우고 마루 도리를 얹어 놓았다. 사랑마루는 전면 3칸이고, 우측에 중사랑방 한 칸과 부엌이 좌우측 뒤쪽으로 ㄱ자로 꺾여 큰사랑방, 책방, 아궁이 등이 이어져 있다.

큰사랑방과 중사랑방 사이의 마루 뒤쪽 판벽에는 출입문이 있던 흔적이 남아 있으며, 안마당 쪽으로 벽체를 따라 ㄱ자로 책골방, 안채로의 통로 등이 있었던 것으로 보인다. 그래서 지붕서까래에 벽을 쌓았던 흔적과 벽체 하방下枋에 마루를 끼웠던 홈 등이 남아 있다.

사랑채를 돌아 마당으로 들어서면 정면 5칸, 측면 2칸의 팔작지붕 건물을 한 안채와 마주한다. 막돌기단 위에 자연석 주초를 사용하였다. 대청의 전후에 가운데 기둥만 둥근기둥이고 다른 것은 방주方柱이지만, 사랑채보다는 재목이 풍부하다. 대청 상부는 제형판梯形板 위에 간단한 초각草刻을 하고 둥근판대공板臺工을 올려놓은 삼량가구三樑架構이다. 평면은 대청을 중심으로 하는 전형적인 남부 一자형이다.

방앗간채는 정면 3칸, 측면 1칸의 팔작지붕 건물이다. 고방, 방, 방앗간의 순서로 평면이 구성되어 있으며, 원래는 초가지붕이었으나 근래 기와로 바꾸었다고 한다.

조호익의 위패가 모셔진 사당은 정면 3칸, 측면 1칸의 맞배지붕 건물이다. 중수하면서 시멘트 모르타르의 기단 위에 자연석으로 주초하고, 둥근기둥을 사용하였다. 중앙 칸은 쌍여닫이문이며, 좌우 칸은 외여닫이문이 설치되어 있다.

지산고택은 1985년 8월 5일 경상북도 문화재자료 제99호로 지정되어 현재에 이르고 있다. 1989년 영천시에서 보수를 진행하였는데, 바깥 토담이 원래보다 축소되고 대문도 원형과 다르게 보수되었다는 지적이 곳곳에서 제기되어 아쉬움을 자아낸다. 하지만 조선시대의 살림집으로 다소 규모는 작지만 실용적이고 가식 없는 간결한 모습을 보이고 있고, 특히 주 상부와 대공의 모습이 도잠서원과 유사해 두 건물 간의 유기적 관계를 엿볼 수 있다.

2) 조호익의 학문 정신이 깃든 도잠서원

대창면 소재지에서 북안면 북리로 이어지는 도로를 따라 가면 신광리로 갈라지는 삼거리가 나오고, 이 삼거리에서 신광 2리 지일동마을로 접어들면 영지사로 가는 소로가 나온다. 이 길을 따라 영지사 방면으로 계속 들어가면 '도화지' 라는 저수지가 나오고 이 저수지 옆에 중후하게 자리 잡은 고건물이 눈에 보이는데, 이곳이 '도잠서원' 이다.

도잠서원은 1613년(광해군 5)에 조호익이 평소 기거하며 학문

도잠서원(문화재청)

을 닦던 모사리의 망회정 뒤에 묘우를 건립한 '지봉서원' 으로부터 비롯되었다. 1678년(숙종 4)에 서원의 유생 정시간 등이 소를 올려 '도잠서원' 이라는 편액이 내려졌고, 유생 이상제李尙悌를 보내어 서원에 사제賜祭하였다. 이때 현재의 용호리로 이건하였다. 이 사제문賜祭文 가운데 '우여심모寓予深慕' 라는 글이 있었기에 병와 이형상이 사우를 '성모묘聖慕廟' 라고 명명하였다.

1868년(고종 4)에는 서원철폐령으로 훼철되었다가 1914년 복원한 후, 1917년 망회정 뒤에 도잠서당을 중건하여 경내에는 정면 5칸, 홑처마 맞배지붕으로 이루어진 강당과 그가 만년에 학문을 닦았다는 망회정 등 6동의 건물이 지금과 같이 자리 잡게 되었다. 그리고 조호익의 신도비神道碑와 하마비下馬碑가 서원의 앞쪽에 자리 잡고 있다.

도잠서원은 1985년 경상북도 문화재자료 100호로 지정되었으며, 1995년 영천의 유림이 영천향교 명륜당에 모여 ‘도잠서원복원추진위원회’를 구성하여 다시 복원사업을 시작하였고, 1999년 12월 16일 완공된 건물에 현액懸額을 게시하였다.

경내 건물로는 3칸의 묘우, 5칸의 강당, 1칸의 망회정, 신도비, 비각, 사주문과 향례 때 제수를 장만하여 두고 고직庫直이 거처하는 곳인 4칸의 포사庖舍 등이 있다. 묘우에는 조호익의 위패가 봉안되어 있다. 강당은 중앙의 마루와 양쪽 협실로 되어 있는데, 원내의 여러 행사와 유림의 회합 및 학문의 토론 장소로 사용되고 있다.

신도비는 조호익의 학적과 인품을 기리기 위해 1642년 건립되었다. 도잠서원 경내의 망회정 옆 비각 안에 있으며, 비각은 겹처마 맞배지붕의 단칸 규모로 남향으로 앉아 있다. 벽은 정면을 제외한 삼면의 하부를 심벽으로 처리하고 그 위는 홍살벽으로 마감했다.

조호익에 대해 증직과 시호가 내려지면서 비문이 새롭게 더해져 오늘에 이르고 있다. 건립 당시 비의 배면에 가로로 ‘조선생신도비명曺先生神道碑銘’이라 새기고 그 아래 19열 1,177자의 비문을 새겼다. 비문 맨 끝에 ‘숭정기원지현익돈장맹하일립崇禎紀

元之玄黓敦牂孟夏日立' 이라는 건비 연대가 새겨져 있다. 숭정기원은 1628년이고, 현익은 임壬, 돈장은 오午에 해당하는 고갑자로, 1628년 이후 첫 임오년인 1642년에 이 비가 세워진 것을 알 수 있다. 비각의 정면 상부에는 가로로 '증이조참판지산贈吏曹參判芝山' 이라고 새기고, 그 아래 세로 20열로 비문을 새겼다. 비의 우측면에는 1862년에 증이조참판과 문간공의 시호를 더해 1864년에 새겼다는 내용이 있다.

조호익의 신도비는 영천지역의 비석 중에서 가장 규모가 크다. 귀부와 이수를 갖춘 격이 높은 비로 평가받고 있다. 조호익의 업적에 부합하는 규모로 판단된다. 도잠서원에서는 매년 3월 중정中丁과 9월 중정에 향사를 지내고 있다. 그리고 유물로는 조호익의 저작인 『지산집』, 『가례고증』, 『대학동자문답』 등의 목판이 하나의 결본도 없이 보존되어 있다.

3) 지산가의 삶이 숨 쉬는 만취당

영천 금호읍에서 대창 방면으로 난 도로를 따라 2킬로미터 가량을 지나면 왼편으로 울창한 송림이 펼쳐진다. 송림에 가려 얼핏 보이지 않는 마을을 진입로를 따라 들어가면 기와를 얹은 집들이 나타난다. 이곳이 영천 금호읍 오계동의 창녕조씨 세거지이다. 만취당晩聚堂은 조호익의 7세손인 조학신이 지은 살림집

만취당 사랑채(문간공종중 제공)

이다. 현재 중요민속자료 175호로 지정되어 있다.

만취당은 사대부 저택이 갖추어야 할 모든 구성요소를 두루 갖춘 교과서적 주택으로 평가받고 있으며, 동시에 주거민속적인 요소들이 주택 내부에 내재되어 주거사적 측면에서도 건축양식과 주거생활을 이해하는 데 중요한 자료로 인정받고 있다.

만취당은 마을의 주 진입로 좌측에 남향하여 자리 잡고 있다. 튼ㅁ자형으로 안채와 중사랑채, 그리고 큰사랑채가 자리하고 있으며, 진입하는 방향으로 새사랑채(光明軒)와 솟을대문, 마구

간, 가묘, 후면에는 체천위를 봉사하는 별묘別廟와 보본재報本齋로 일곽을 이루고 있다.

'만취당' 이란 현판이 붙은 큰사랑채는 정면 5칸, 측면 2칸 규모의 팔작기와집이다. 얕은 자연석 기단 위에 둥글게 치석한 주초柱礎를 놓고 기둥을 세웠으며, 기둥은 전면과 우측면 배면의 마루 주위에만 원주圓柱를 사용하였다. 평면은 2칸 규모의 대청을 중심으로 좌측에는 2칸의 사랑방이, 우측에는 제방祭房이 배치되어 있다. 전면에는 반 칸 규모의 툇간을 두었다.

큰사랑채 좌측에는 중문을 사이에 두고 중사랑채가 자리 잡고 있다. 중사랑채는 정면 3칸, 측면 1칸 규모의 맞배기와집이다. 평면은 좌로부터 우물마루를 깐 마루 1칸과 2칸의 온돌방이 연접되어 있다. 중사랑방과 대청 사이에는 2짝의 불발기문을 시설하였으며, 대청의 전면과 좌측면은 개방되어 있다. 가구는 3량가이며, 대향은 만곡된 자연재를 사용하였다.

큰사랑채와 중사랑채 사이로 난 중문을 들어서면 안마당을 사이에 두고 안채, 즉 정침이 자리 잡고 있다. 정침의 평면은 2칸 대청을 중심으로 좌측에는 2칸의 안방을 두고, 우측에는 1칸의 작은방을 두었으며, 전면에는 툇간을 두었다.

새사랑채는 대문채 좌측에 자리 잡고 있다. 정면 3칸, 측면 2칸 규모의 아담한 모습을 한 팔작기와집이며, 주위에는 토석담장을 둘러 별도의 공간으로 구획되었다. 대문은 외부의 진입로에서 바로 들어올 수 있도록 정면에 일각문을 세웠으며, 사랑마당 쪽으로도 일각문을 세워 사랑채와 통한다. 평면은 전면에 반 칸 규모의 툇간을 두고 뒤에 방과 마루를 두었는데, 좌측 방은 마루를 뒤로 조금 물려 전면에 마루칸을 확보하였으며, 우측간은 통간通間으로 처리하여 우물마루를 깔고 기둥의 전면과 좌우 측면에는 헌함을 둘러 누마루와 같은 느낌이 들게 하였다. 온돌방과 대청 사이에는 열개 불발기문을 달았는데, 문의 상부에 '퇴암退庵' 이란 현판을 달았으며, 좌측 온돌방의 전면에는 '광명헌光明軒' 이란 현판을 각각 달았다.

만취당의 제례의식 공간은 사당, 보본재, 별묘의 3채로 구성되어 있다. 각 채의 주위에는 모두 담장을 둘러 별도의 공간을 이루고 있다.

사당은 큰사랑채 바로 뒤에 위치하고 있으며, 정면의 일각대문을 들어서면 정면 3칸 규모의 맞배집으로 이루어진 사당이 남향하여 자리 잡고 있다. 보본재는 사당과 별묘 사이에 배치되어 있다. 체천위遞遷位 제례 때에 제관들이 거처하는 제청의 기능을 가진다. 정면 4칸, 측면 1칸 반 규모의 팔작기와집이며, 평면은 어간의 2칸 우물마루를 중심으로 좌우측에 온돌방을 둔 중당협실형中堂挾室形이며, 전면에는 반 칸 규모의 툇간을 두었다.

별묘는 주택 내에서 가장 신성시되는 공간이다. 보본재 뒤의 가장 높고 깊은 곳에 위치하고 있다. 보본재 뒤의 담장 사이로

난 협문을 들어서면 별묘가 자리 잡고 있는데, 평면은 단칸 규모이고 전면에는 툇간을 두었다. 별묘에는 절사만 행해지는데, 체천위인 소유자의 5~6대조 신위를 곡설위로 배설하여 봉사한다.

4) 청렴과 효행의 정신이 깃든 유후재와 옥비

대창면 대재리 송청산松青山에 위치한 조호익의 묘소 입구에는 조호익의 증조부인 정우당 조치우의 묘를 수호하기 위해 건립한 재실 '유후재遺厚齋'와 '옥비玉碑'가 자리 잡고 있다. 대재리의 대재못 옆으로 난 포장길을 따라 들어가면 못 안쪽에 재실과 옥비가 고즈넉하게 앉아 있고, 뒤로는 조호익의 묘소를 비롯하여 창녕조씨 문중 묘역이 한눈에 들어온다.

유후재는 청렴결백과 효행으로 청백리에 녹선錄選된 정우당의 묘소를 수호하고 제사를 지내기 위해 1539년 후손들이 건립했다. 그리고 옥비는 1529년 중종이 정우당 사후에 내린 옥으로 만들었는데, 비각은 1854년에 건립되었다고 한다. 당초 조정에서 옥비 두 개를 하사하였는데, 그중 하나는 유후재에 있고, 나머지 하나는 창원시 지개동의 정우당공 부인인 창원박씨의 묘재인 모선재에 남아 있다.

낮은 구릉성 산지의 말단부에 위치한 유후재에는 재실 · 문간채 · 비각 · 변소 · 협문간채가 남향으로 자리 잡고 있다. 재실을 둘러싸고 있는 방형의 토석담장 좌측으로 고직사가 있고, 평소에는 이곳을 통해 재실 일곽의 서편 일각문을 들어선다.

유후재 건물에는 전면에 '유후재遺厚齋' 라는 건물 전체의 현판을 걸었고, 대청 후면 상부 좌측에 '송청서당松青書堂' 이라는 현판과, 우측 방 전면 상부에 '입교당立敎堂', 좌측 방 청방 간에 '충효당忠孝堂', 우측 방 청방 간에 '화헌花軒' 이라는 현판을 달았다. 송청서당은 창녕조씨 문중 묘역이 있는 산인 송청산에서 연유한 것이다. 대청 후면 우측 상부에는 '옥비각기玉碑閣記' 라고 하는 기문이 걸려 있다.

유후재는 정면 5칸, 측면 1.5칸의 홑처마 팔작지붕 목조와가로, 중앙에 대청 두 칸을 두고 좌측에 온돌방인 충효당忠孝堂 두 칸, 우측에 입교당立敎堂 한 칸을 둔 중당협실형中堂夾室型 구조이며, 전면으로는 반 칸의 퇴를 두어 공간을 확장시켰다. 덤벙주초에, 전면에 원형기둥을 세우고 나머지는 네모기둥을 세웠으며, 가구는 대들보 상부에 제형판대공을 얹어 종도리를 받도록 하였다. 전체적으로 3량가로 구성되어 있다.

문간채는 정면 3칸, 측면 1칸의 홑처마 맞배지붕으로 중앙에 판문의 대문을 두고 좌우에 방을 들인 전형적인 문간채 형식이다. 문간채 서쪽으로는 최근에 변소 칸을 두었고, 그 옆에 직각으로 고직사에서 드나드는 협문간채가 있다. 보통 협문은 일각문 혹은 사주문으로 하는 것이 일반적이지만, 특이하게 우진각 지붕에 두 칸의 문간채를 세웠다.

비각은 단칸 규모의 겹처마 맞배지붕이다. 낮은 외벌대 기단에 원형초석을 놓고 짧은 석주를 세운 뒤 다시 원형기둥을 세웠다. 유후재와 다른 건물의 향과 달리 약간 남서향으로 앉혀져 있다. 기둥 상부는 연화문의 앙서와 수서의 익공 위에 봉두를 조각하고 주두와 짧은 행공으로 짜 맞춘 이익공 양식으로 처리했다. 주간에는 창방과 장혀 사이에 화반 2구를 두었다. 벽은 전면을 홍살벽으로 처리하고 가운데 외여닫이 살문을 내었으며, 나머지 좌우 측면과 배면은 하부를 토벽으로 하고 상부를 홍살벽으로 마감했다.

비각 내부에 있는 옥비는 하부에 해학적으로 표현한 귀부를 앉히고 비몸과 일체형의 꽃봉오리 조각을 화려하게 한 비를 꽂았다. 비각의 전면 상부에는 '내사옥비각內賜玉碑閣' 이라는 현판을 걸었고, 내부의 비의 전면 중앙에는 '어사청백리조치우비御賜淸白吏曺致虞碑' 라는 비명을 세로로 새기고 나머지 면은 빈 면으로 처리했다.

유후재 및 옥비는 영천지역에서 유일하게 옥으로 만든 비석으로, 희소하여 그 가치가 높다는 평가를 받고 있다. 그래서 경상북도 문화재자료 제101호로 지정되어 보호되고 있다.

5) 조호익 선조와 문중의 얼이 담긴 건축 유산

영천에는 지산종가 이외에 창녕조씨 문중과 관련된 적지 않은 건축물이 산재해 있다. 창녕조씨 영천 입향조인 조신충이 영천에 자리를 잡은 이래 6백여 년이 흐르는 동안 창녕조씨 문중에서는 조호익을 비롯하여 빼어난 학자들과 문신, 그리고 의사義士들을 다수 배출하였다. 이러한 연유로 영천의 곳곳에는 지산 문중 이외에 창녕조씨의 다른 문중과 관련된 의미 있는 건축물이 오롯이 자리를 잡고 있다. 이러한 문화유산은 창녕조씨의 전통과 가문의 성쇠를 고스란히 보여 주고 있다.

영천의 금호읍과 대창면을 중심으로 창녕조씨 선조의 유적이 곳곳에 위치해 있다. 먼저 창녕조씨 영천 입향조 조신충의 묘재인 '사효재思孝齋'는 영천시 금호읍 오계리에 위치하고 있다. 사효재는 영천시 금호읍에서 대창 방면 909번 지방도로 서쪽으로 500여 미터를 가다가 고모저수지 좌측을 끼고 200여 미터를 더 들어가면 길 끝자락에 서남향하여 자리하고 있다.

출입문인 평삼문을 들어서면 사효재 기단 앞까지 폭 2미터 정도의 보도블록을 놓고 그 외 부분은 쇄석을 마당에 깔아 놓았다. 재실 건물 좌·우측에는 화계를 꾸며 나무를 심어 놓았고 배면에는 석축 뒤편으로 산죽이 숲을 이루고 있다. 사효재는 평탄한 대지에 정면 5칸, 측면 1칸 반 규모의 홑처마 팔작집이다. 사

사효재(디지털영천문화대전)

효재가 언제 처음 건립되었는지는 알 수 없지만, 현대에 들어 중수되어 시멘트로 마감한 흔적이 발견된다. 묘제는 매년 음력 10월 초정일에 지내고 있다.

금호읍 삼호리에는 조호익의 6대조에 해당하는 조상치가 배향된 '창주서당滄洲書堂' 이 있다. 창주서당은 원래 '창주서원' 이었다. 영조 3년(1727)에 지방 유림의 공의로 조선 단종 때 절의를 지킨 조상치의 학덕과 충절을 추모하기 위하여 '창주사' 를 창건하였고, 이후 1741년에 '창주滄洲' 라 사액되어 창주서원의 위상이 공고해졌다. 하지만 1868년 서원철폐령으로 훼철되었다가 1913년 유림의 공의로 현재의 창주서당으로 복원되었다.

창주서당(디지털영천문화대전)

현재 창주서당 경내에는 강당, 포사, 문간채, 비각 등이 자리 잡고 있다. 강당의 전면에 있는 정면 1칸, 측면 1칸 규모의 팔작지붕의 홑처마 건물인 비각에는 조상치의 신도비가 위치하고 있는데, 비문은 후손 조규철曺圭喆이 찬撰하였다. 그리고 조상치의 묘재인 추원재는 대창면 어방리에 소재하고 있으며, 매년 음력 10월 3일에 묘제를 지낸다.

조호익의 6대조인 조상치의 동생 조상명의 묘재는 대창면 용전리 본촌本村에 자리하고 있으며, 그의 아들인 조호익의 5대조 조경무의 묘소와 묘재인 내본재도 같은 대창면 용전리 본촌에 위치하고 있다.

내본재 현판(디지털영천문화대전)

조호익의 선조 이외에도 조호익의 문하에서 학문을 닦으며 의로운 길에 나섰던 조경과 조성이 세운 정자 '의락당宜樂堂' 등 여러 건축물도 금호읍 삼호리에 위치하고 있다. 의락당은 임진왜란 직후 조경이 건립했는데, 후에 무너져 그 터조차 알 수 없었던 것을 후손들이 1961년 상량하고 1962년 준공해 현재에 이르고 있다.

한편, 영천 내에서 지산 문중을 포함한 창녕조씨의 학문에 대한 열정을 확인할 수 있는 유적도 남아 있다. 금호읍 오계리에 위치한 '함양재涵養齋'가 그것인데, 영천의 창녕조씨 문중에서 후손들의 학업을 위해 건립한 서당이다. 창건연대는 알 수 없으며, 현재의 건물은 11년 전에 붕괴되어 다시 지어진 건물이다.

함양재(디지털영천문화대전)

함양재는 얕은 산자락의 정지한 대지에 남향하여 자리 잡고 일곽은 토담으로 둘러져 있다. 서당은 정면 3칸, 측면 1칸 규모이며, 좌측에는 온돌방 2칸을, 우측에는 대청 1칸을 두고, 전면에는 반 칸 규모의 툇간을 두었다. 서당 용도로 건립한 건물이어서 일반적인 재사 건축의 평면과는 다른 특징을 지니고 있다. 건물은 규모에 비해 세장한 목부재가 사용되었고, 지붕의 물매가 상당히 높게 되어 축부와 지붕부의 입면 비례가 맞지 않다. 지붕부의 무게로 내려앉아 건물이 좌측으로 기울어져 있다.

제6장 종손의 삶과 이야기

1. 선조에 대한 기억

영천을 위시하여 영남 일원에 거주하는 지산의 후손은 대략 5백여 명에 이른다. 그리고 그들은 누구나 조호익, 즉 '선생할배'에 대한 기억을 공유하고 있다.

현재 지산의 후손들은 창녕조씨 종회에도 참석하고 있으며, 특히 '지산파회芝山派會'를 구성하여 1년이면 한두 번 꼭 회합을 갖고 있다. 지산의 자손이면 모두 회원이 될 수 있으며, 현재 정기적으로 회합에 참여하는 숫자는 2~30여 명 정도라고 한다.

파회에 참석하는 후손은 물론이거니와, 지산의 후손들은 누구나 지산종가의 맥을 '선비정신'으로 꼽는 데 주저하지 않는다. 그리고 그 사례로 조호익의 증조부인 조치우의 청백리정신과 조호익의 충절을 되새기고 있다고 한다. 파회에서 중추적인 역할을 담당하고 있는 조인호 씨(1939년생)는 다음과 같이 지산종가의 원류 정신을 제시한다.

> 선생할배의 증조부님이신 정우당공은 청백리입니다. 이 어른이 벼슬을 하고 과거를 보고 해서 서울에 계실 때 밤에 대윤 소윤 하는 윤씨들이 밤마다 찾아왔어요. '당신 지금부터 내 줄에 서면 부귀영화는 얻어 놓은 당상이다' 고 하면서 말이죠. 이때 우리 청백리 할아버지가 『주역』을 펴 놓고 본 것이 다름 아니라 '들 줄을 알면 날 줄도 알아야 된다' 였죠. 이때 이 어른 머릿속에 '내가 이제 날 때가 되었구나. 당신 같은 사람이 자꾸 권력에 끌어들이려고 하니' 라는 생각이 들었던 거죠. 그래서 그 길로 서울을 벗어나 창원으로 오셨어요. 만약에 그 말 듣고 그 줄에 섰으면 부귀영화는 누렸겠지만 역적을 못 면했을 거예요. 우리 가문의 정신은 늘 그런 거였어요.

조인호 씨는 "지산의 후손들은 그런 조상들의 정신을 이어서 지금까지 내려왔어요", "선생할배도 말년에 교정청당상으로 만약에 서울에 올라갔다면 또 죄를 덮어썼을 거예요"라며 후손들의 성향도 선조들과 마찬가지로 권력에 아부하지 않고 올곧은 길을 가는 이러한 정신이 강하다고 힘주어 말한다.

지산의 후손들이 공유하는 조호익에 대한 이야기는 상당하다. 조호익의 파란만장한 인생은 물론이거니와, 그 인생에 감추어진 크고 작은 비화도 하나둘씩은 모두 알고 있는 듯하다. 그래서 지산의 후손을 만나면 조호익에 대한 사소한 이야기도 모두 들을 수 있다. 불천위로 모시는 선조에 대한 기억을 공유한다는 것은 그만큼 후손들의 선조에 대한 자부심이 강하다는 반증이다. 그래서인지 후손들은 조호익을 '올곧음'의 표상으로 추념하고 있다.

특히 지산의 후손들은 퇴계학의 정수를 계승한 으뜸가는 선비로 조호익을 기억하고 있다. 그래서 문중의 후손들은 조호익에 대한 오해에 대해 적극적으로 해명하고자 한다. 다음은 조인호 씨의 말이다.

> 우리를 혹자들은 노론이라는데, 수제자 잠곡이 노론이어서 그런가 봐요. 제자가 노론이라고 선생이 왜 노론이겠습니까? 도잠서원에는 선생할배 한 분만 홀로 모셔져 있습니다. 배향이 없습니다. 혹자의 말로는 잠곡선생의 위패를 모시고 내려오다가 노론을 절대 반대하는 이 지역의 남인 집안에게서 돌 세례를 맞았대요. '노론 중의 노론이 왜 여기 남인지역에 오느냐'고. 가장 피해를 입은 집안에서는 그럴 만하죠. 하지만 우리는 노론이 아니에요.

개방적이었던 조호익의 학문 전승의 태도가 빚은 오해를 기억하고 있는 후손들은 조호익의 학문적 영향력에 대해 특히 자부심이 강하다. 대부분의 퇴계 후학들은 그 학문적 영향력이 영남지역에 한정되었고, 따라서 그들의 문하에서 배출된 학자들 또한 영남지역에 한정되었던 것에 비해, 조호익은 지역의 경계를 넘어 전국적으로 문인들을 배출했기 때문이리라.

> 요즘도 자식들에게 좋은 학교를 보내지 않습니까? 그때도 대부분의 사대부에서 자식들은 옳은 데로 보내어 키웠지요. 우리 선생할배 문인들 가운데 한강의 아들도 있고, 그분은 나중에 우리 할배가 조카사위로 삼아요. 양동의 회재선생 손자, 수졸당 두 어른이 모두 할배 문인이죠. 백사 이항복의 아들 이정남이라고 하는 어른도 문인이죠. 당시 내로라하는 명망 있는 분들이 자기 아들을 모두 할배 밑으로 보냈어요.

조호익의 영향력을 자랑스럽게 기억하는 지산의 후손들은 가문이 크게 번성하지 못했던 조호익의 생평에 대해 아쉬움을 가지고 있다. 특히 후사를 보지 못해 양자를 들이고, 그 양자로 이어진 가계가 크게 번성하지 못했던 초창기 지산가의 모습에 대해 안타까운 마음을 가지고 있다. 이에 대해 조인호 씨는 다음과 같이 현재의 심정을 전한다.

선생할배가 거처하던 망회정에서 이사해서 지금의 종택으로 나오셨는지는 정확한 시점은 우리도 잘 몰라요. 선생할배는 홀로 외롭게 망회정에서 돌아가셨어요. 첫째 부인이 강동에서 돌아가시고 50세에 재혼을 하셨는데 후사를 보지 못했지요. 양자로 들어온 아들도 일찍 가셨고, 손자분도 어리고 병약해서 일찍 돌아가셨어요. 그래서 또 양자를 들였고, 그 이후 자손이 번성하기 시작했죠. 이렇게 가문이 제대로 갖추어지는 데까지 걸린 시간이 거의 1백 년이에요. 1백 년 동안 집에 사내대장부가 없었던 셈이죠. 그러니 선생할배가 돌아가신 후 근 1백 년 동안 우리 가문의 근거가 어떻게 중심을 잡을 수 있었겠어요? 제 짐작입니다만 자손이 번성하기 시작하면서 종택도 만들어야 되겠다라는 생각이 들었고, 그 이후 지금의 지산고택을 마련한 것 같아요. 지금 종택의 현판에 지산고택이라 써 놨는데, 거기의 고자는 '옛 고' 자가 아니라 '연고 고' 자입니다. 선생할배가 살았던 집 같으면 '옛 고' 자를 썼을 텐데…… 살았던 집이 아니고 선생할배의 연고를 가져온 집인 거죠. 그러니까 지산고택을 만든 것은 선생할배가 돌아가시고 거의 1백 년 후가 될 거예요.

지산의 후손들은 선생할배 이후 가문에서 배출한 여러 출중한 선조에 대해서도 강한 자부심을 가지고 있다. 특히 관료로 현달한 선조보다는 학문적 성취를 이루었던 묵암 조익한, 치재 조선적, 둔암 조덕신과 같은 선조에 대한 존숭의 염이 크다.

> 선생할배 후손으로 묵암공이 문한으로 대단했어요. 그다음에 내려와서 치재가 또 학행이 대단했지요. 그다음에 둔암의 학행이 대단했어요. 그래서 우리 집이 문한은 좋았죠. 치재공 그 어른은 부유하지 못해 처가살이를 했어도 학행이 있어서 최백불암, 이대산 같은 어른과 어깨를 나란히 했죠. 최백불암의 아들이 치재공 어른한테 배우고, 치재공의 아들이 최백불암한테 배웠어요. 아들을 바꿔서 가르친 거죠. 우리는 선비밖에 없어요.

위와 같이 올곧은 선비의 길을 걸은 선조에 대한 기억을 공유하는 지산가의 사람들은 그 정신을 '이험여일夷險如一, 표리무간表裏無間', 즉 편안할 때나 어려울 때나 한결같고, 겉과 속이 한결같다는 말로 정리하고 있다. 그래서인지 조인호 씨는 "우리 문중이 자랑할 것이 있다면 그것은 다름 아니라 우리 조상들의 정신이죠. 지산 할배는 곡학아세를 하지 않았잖아요. 한결같이 선비정신을 가지고 세상에 아부하지 않았죠. 아마도 우리 조상님들이 권세를 탐하고 호가호위를 했다면 벌써 역적이 됐을 거에요"라고 힘주어 선조의 정신을 말한다.

2. 살아가는 이야기, 그리고 전통 계승

지산종가는 영천의 지산고택에서 제사를 지내지 못하게 된 지 어언 30여 년이 넘어간다. 1960~70년대를 거치면서 산업화가 본격화되고, 이후 지식정보화사회에 진입한 우리 사회 속에서 종택을 지키며 불천위제사를 모시는 일이 그리 쉽지만은 않은 것이 현실이다. 지산종가도 마찬가지로 삶과 직장 일 등이 겹쳐 현재 종택에는 아무도 거주하지 않고 있다.

지산 16세 종손인 조용호曺容浩(1955년생) 씨의 조부인 조수익曺洙翊(1902~1980)이 생존하던 시절에 대구로 이거하여 불천위 제례를 모시기 시작하였고, 조부가 사망한 이후 최근 10여 년 전부터는 현 종손이 살고 있는 경주에서 제례를 모시고 있다. 이런 상황이다 보니 제사에 참례하는 제관의 수도 과거와는 달리 10여 명에 불과하다고 한다.

어쩔 수 없는 환경 변화로 인해 종택에서 제사를 모시지 못한다고 해서 지산종가의 일원들이 가지는 선생할배에 대한 숭모의 의지가 약화된 것은 아니다. 현 종손인 조용호 씨는 사업상 해외 출장이 잦고 비록 종택을 떠나 살고 있지만, 한 달에 한두 번은 반드시 종택을 찾아 사당을 배알하고 청소도 하고 있다고 한다. 종손으로서 해야 할 몫은 반드시 하고 있고, 앞으로도 할 것이라는 것이 그의 일관된 생각이다. 그러면서도 그는 종손으로서는 문중 어른들이 불천위 제사를 종택에서 모시기 바라지만, 여의치 못한 현실이라 늘 안타까운 마음뿐이라며 겸연쩍은 미소를 보이며 한사코 공식적인 인터뷰를 거절한다. 대신 지산 후손들이 모인 지산파회에서 중심 역할을 담당하고 있는 조순(1962년생) 씨가 다음과 같이 종가 일원들의 입장을 말한다.

> 종가를 계속 유지하는 것이 현재 우리 가문의 목표입니다. 그래서 현재 종가는 비어 있고 집만 있으니, 사람이 안 지키고 종택을 활용하는 방안을 생각해 보고 있습니다. 현재 영천시나 경북도에 계속 문화재인 종택을 보수해 달라고 요청하고 있습니다. 그런데 막상 보수해 주면 집을 비워 둔다는 게 문제죠. 그래서 생각한 것이 종택이나 조상부터 내려오는 소프트웨어

를 잘 활용할 수 있는 것입니다. 종택에 있으면서 많은 사람들이 와서 보고, 기거하고, 차도 마시고, 그 뒤편에 산책로도 개발해서 살아 있는 공간으로 활용하고 싶습니다. 이렇게 되면 지산연구소라는 간판을 걸고, 솔밭을 활용해 학술대회도 개최하고 싶습니다. 보고 듣는 것이 교육이니까 학생들도 수시로 데려가서 보여 줄까 합니다. 자꾸 가 보고 보여 주고 해야 학생들이 관심을 갖거든요.

조순 씨는 종택을 지속적으로 유지하고 선조의 정신을 잇는 방안으로 위와 같은 말을 전한다. 그리고 현재 지손들은 종택에 거주하지 못하는 종손의 입장을 십분 이해한다는 입장도 밝히면서, "지산파회는 정례회도 있고, 임시회도 열리는데, 모이면 조상에 대한 제사와 묘사, 그리고 현재 종택 건물의 유지 보수 등 이런저런 이야기를 나누고 있다"라고 전한다.

지산종가는 굴곡진 근현대를 지내 오면서 어려움을 겪기도 하였다. 종손의 삶이 궁핍해 지산고택을 제대로 관리 보존하지 못하는 일이 빚어지기도 하였고, 소중히 간직해 왔던 소중한 유산들을 일제강점기를 거치면서 빼앗기기도 하였다. 그러다가 15세 종손인 조영목曺寧穆(1931~2013) 씨가 재력을 모아 사재를 털어 종택의 유지 보수를 비롯하여 종가의 관리에 힘쓰게 되었다고 한다. 조인호 씨는 그의 모습에 대해 다음과 같이 기억을 꺼내어 말했다.

현 종손의 윗대 어른인 영목 씨, 그 어른이 참 힘을 많이 쓰고 애를 많이 쓰셨어요. 물심양면으로 대단했지요. 진짜 남자 중에 남잡니다. 인물도 잘났고 체구도 좋고, 언변도 좋았고…… 돌아가시기 한 10여 년 전부터 문중에 적극 출입하면서 솔선했죠. 그러니 자연스럽게 도내 유림들과의 관계도 돈독해졌고. 자기 하실 일을 다 하셨어요.

요즘 조호익에 대한 숭모사업은 주로 지산지파를 중심으로 이루어지고 있다. 2013년에는 한국문화원연합회 경북도지회와 함께 영천에서 학술대회를 개최하기도 하였고, 2007년에는 한국국학진흥원에 유물을 기탁하면서 특별전시회를 열기도 하였다. 하지만 상황이 여의치 않다는 게 파중 관계자의 전언이다. 그렇다고 마냥 손을 놓을 수 없어 문중에서는 얼마 전부터 연구기능이 탑재된 홈페이지 개설을 준비하고 있다. 무엇보다 조호익의 학문을 올바로 알리고 계승하는 것이 시급하다고 파악한 문중 관계자의 생각이 반영된 결과이다. 이어 조인호 씨는 지산종가에 대한 자신의 생각을 다음과 같이 당당하게 말한다.

영천에 서원은 솔직히 도잠서원 하나뿐입니다. 왜 그러겠어요? 서원이 첫째 갖추어야 될 조건은 그 자리에서 강학이 이루어져야 하고, 두 번째는 그 서원에서는 선생을 향사를 해야 하는 것입니다. 서원은 오늘날 학교인데, 사액은 나라에서 인정해 준 학교라는 말입니다. 영천에서는 나라에서 인정을 해 사액을 내려 주고 그 장소에서 학생들에게 강학을 하고, 선생이 돌아가신 후 그 자리에서 제자들이 모여서 향사를 하는 곳은 도잠서원밖에 없습니다. 서원은 향음주례도 해야 되고, 향사례도 해야 되고, 제사도 배워야 되고, 학문도 배워야 되는 곳이죠.

진정한 의미의 유일한 서원을 책임지고 있는 일원 중 하나인 종가에서는 문중의 젊은 세대에 대한 교육에도 관심을 가지고 있다. 그렇지만 지산 후손들이 택한 방법은 일방적인 주입식이 아니라 자연스러운 놀이와 소통의 방식이다. 선조의 유산에서 맘껏 놀고 구경시키는 게 교육이라고 보는 것이다. 자연스럽게 우러나오는 것이 최선의 방법이라고 보는 것이다.

지산종가는 고루하거나 보수적이지 않다. 그렇다고 오해된 유교문화를 그대로 묵과해서는 안 된다는 것이 기본적인 입장이다. 이러저러한 생각이 교차되는 가운데 지산종가의 구성원들은 현대인의 삶과 종가를 공존시키려면 무엇보다 변화가 필수적이라고 생각하고 있다.

전통적인 종가문화의 형식은 현대의 그것과 맞지 않는 면이 있죠. 종가문화가 현대 문화와 공존하려면 근본이 변화하지 않는 선에서 약소화할 것은 하고, 줄일 것은 줄여서 어울리도록 만들어야 해요. 제사도 무조건 과거와 같이 음식을 많이 차리려 하지 말고, 현대에 맞게 간소히 하고. 대신 그 정신만은 살아남도록 해야죠.

위의 조인호 씨 말대로 전통의 현대화를 긍정하는 지산의 종가 사람들. 그들은 현재를 살며 오래된 미래를 꾸려 가고 있다. 그러면서 선생할배 조호익으로부터 비롯된 올곧은 충절과 의리, 그리고 자신을 가꾸어 가는 유학의 참정신을 되새기며 오래된 미래인 종가문화를 오늘에 되살리는 삶을 영위하고 있다. 그래서 아직도 종가문화는 유효하고, 지산 조호익의 정신은 살아 있는 것이다. 그래서 종손은 아니지만 지산종가의 일원으로서 지산종가의 정신을 후손에게 이어 주고 있는 조인호 씨의 마지막 말은 오늘을 사는 우리들에게 여운을 남긴다.

만 원짜리 물건을 시장에 가서 만 원을 받고 팔고, 천 원짜리 물건을 천 원 받고 파는 것이 정직한 것이죠. 우리 선생할배의 이력과 정신을 더 보태지 않고 있는 그대로 알아주는 것이 우리 조상을 더욱 빛나게 하는 것이라 생각합니다. 그것이 우리가 바라는 전부입니다.

참고문헌

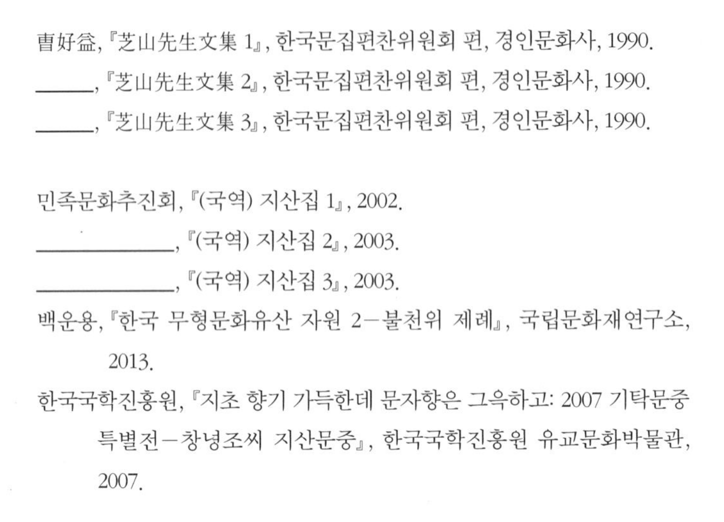
曺好益,『芝山先生文集 1』, 한국문집편찬위원회 편, 경인문화사, 1990.
______,『芝山先生文集 2』, 한국문집편찬위원회 편, 경인문화사, 1990.
______,『芝山先生文集 3』, 한국문집편찬위원회 편, 경인문화사, 1990.

민족문화추진회,『(국역) 지산집 1』, 2002.
____________,『(국역) 지산집 2』, 2003.
____________,『(국역) 지산집 3』, 2003.
백운용,『한국 무형문화유산 자원 2-불천위 제례』, 국립문화재연구소, 2013.
한국국학진흥원,『지초 향기 가득한데 문자향은 그윽하고: 2007 기탁문중 특별전-창녕조씨 지산문중』, 한국국학진흥원 유교문화박물관, 2007.

고영진,「芝山 曺好益의 禮學思想」,『퇴계학과 유교문화』 26, 1998.
금장태,「퇴계학파의 학문 7」,『退溪學報』 80, 1993.
박경수,「芝山 曺好益의 생애와 학풍에 대한 일고찰」, 대구가톨릭대학교 석사학위논문, 2012.
신귀현,「芝山 曺好益의 哲學思想」,『퇴계학과 유교문화』 26, 1998.
엄연석,「조호익 역학의 상수학적 방법과 의리학적 목표」,『大東文化研究』 38, 2001.
우인수,「조선 선조대 지산 조호익의 유배생활」,『朝鮮時代史學報』 66, 2013.
이장희,「芝山 曺好益과 壬辰倭亂-義兵活動을 中心으로」,『퇴계학과 유교문화』 26, 1998.
황위주,「芝山 曺好益의 詩文學 世界」,『퇴계학과 유교문화』 26, 1998.

한국학중앙연구원, 디지털영천문화대전 http://yeongcheon.grandculture.net
한국학중앙연구원, 디지털창원문화대전 ttp://changwon.grandculture.net